APOLOGIE

DES

EAUX MINÉRALES

DE

SAINT-AMAND.

APOLOGIE

DES

EAUX MINÉRALES

DE

SAINT - AMAND,

Par M. TRÉCOURT,

*Docteur en Médecine, Correspondant de l'Académie
Royale de Chirurgie de Paris, Associé correspondant des Colleges Royaux de Médecine & de
Chirurgie de Nancy, ancien Echevin de la Ville de
Rocroy, Médecin & Chirurgien-Major de l'Hôpital Militaire de ladite Ville, Pensionné du Roi
à Cambrai.*

Altissimus creavit de terrâ medicamenta, & vir
prudens non abhorrebit illa.
In Eccles. cap. 38. ℣. 4.

A CAMBRAI,

Chez SAMUEL BERTHOUD, Imprimeur du ROI.

M. DCC. LXXV.

Avec Approbation & Permission.

A MESSIRE

LOUIS - GABRIEL TABOUREAU

DES REAUX,

Chevalier, Conseiller du Roi en ses
Conseils , Maître des Requêtes
ordinaire de son Hôtel, Intendant
de Justice , Police & Finances, de
la Province du Hainaut , &c. &c.

Monsieur,

*LES soins paternels dont vous êtes
sans cesse occupé pour le bien de l'Humanité en général, dans la Province*

dont le Roi vous a confié l'administra-
tion , ne vous laissent point oublier
celui des défenseurs de l'État. Protecteur
& Ami de la vérité, Vous n'aurez pu
voir , sans doute , avec satisfaction
l'atteinte que certains Auteurs se sont
efforcés de porter à la réputation, si bien
établie , des Eaux de Saint-Amand. Les
visites fréquentes que Vous daignez faire
aux malheureux qui sont dans la dure
nécessité d'en faire usage par rapport
à leurs infirmités ; & le compte que vous
rendent ceux qui sont chargés d'en faire
la dispensation , vous mettent à portée
d'en apprécier le vrai mérite.

Le petit Ouvrage que j'ai l'honneur
de vous présenter , MONSIEUR , sous
le titre d'Apologie des Eaux minérales de Saint-Amand , n'a d'autre
but que celui d'effacer la mauvaise im-
pression qu'auroit pu laisser dans l'esprit

du Public un Ouvrage intitulé : Nouvelle Hydrologie, *où l'Auteur critique*
& cherche à déprécier très-mal-à-propos
toutes les Eaux minérales ; ainsi que
celle qu'auroit pu faire l'Instruction sur
l'usage des Eaux minérales , donnée en
1774. La candeur & la probité de l'Au-
teur , me font un sûr garant qu'il ne
désapprouvera pas le zele qui me fait
entreprendre la défense des Eaux mer-
veilleuses de Saint-Amand , afin de les
rétablir dans leur premiere réputation.

Je m'estimerai trop heureux , si Vous
daignez, MONSIEUR *, permettre que*
ces foibles preuves de mon zele pour le
bien de l'Humanité en général , & en
particulier pour celui des Défenseurs de
l'État , paroissent sous vos auspices :
l'approbation dont Vous voudrez bien
l'honorer , ne laissera plus aucun doute
sur le mérite & l'efficacité de ces Eaux

minérales , & mettra le fceau au réta-
bliffement de leur réputation.

Je fuis avec un très-profond refpeƈt,

MONSIEUR,

Votre très-humble & très-
obéiffant Serviteur

TRÉCOURT.

APOLOGIE
DES
EAUX MINÉRALES
DE
SAINT-AMAND.

EN même temps que le Créateur a affujetti
l'efpece humaine aux infirmités, qui font
les fuites de la faute du premier homme, il a
bien voulu, par un effet de fa complaifance
pour fon ouvrage, donner aux productions de
la nature les qualités & propriétés capables de
foulager, & même de guérir ces infirmités : il
a donné auffi à l'homme les facultés propres
pour connoître les vertus de chaque production de la nature, afin d'en pouvoir tirer des
fecours, pour fe les appliquer, ou les adminif-
trer à fes femblables.

Ces productions font, les animaux, les végétaux & les minéraux. De ces trois regnes on
en tire, par des opérations chymiques, diffé-
rehs remedes, pour les appliquer à différentes
maladies, auxquelles ils conviennent particu-

liérement. Les animaux même, par un inftinct qui leur eft particulier, trouvent dans ces trois regnes, des remedes à leurs maux; ils les recherchent avec empreffement, & en font ufage prefque toujours avec fuccès.

Le regne minéral eft fans contredit celui dans lequel il fe rencontre des qualités plus analogues aux maladies du genre humain. Le Créateur, qui a tout prévu pour le bien de l'humanité, a permis qu'il fe formât dans le fein de la terre des amas de minéraux de toutes les efpeces : des fources d'eau vive coulent fur ces minéraux, & fe chargent de leurs particules bienfaifantes, en proportion de la lenteur ou de la rapidité de l'écoulement. Plus ces eaux entraînent avec elles des particules minérales, plus leur effet eft prompt : ces particules font auffi plus ou moins diffolubles, d'où provient qu'elles ont des qualités différentes, & que les unes agiffent plus promptement & plus efficacement que d'autres.

Il y a peu de climat fur notre globe, où il n'y ait de ces fources bienfaifantes & utiles contre les maux qui affligent l'humanité. Mon deffein n'eft point de traiter en particulier de toutes les fources d'Eaux Minérales, dont on a fait la découverte avantageufe en France; il exifte des Traités analytiques fur cette matiere, qui paroiffent ne rien laiffer à defirer, & qui feroient en effet bien précieux & intéreffans, fi on n'en avoit écarté tout efprit de prévention; mais, foit préjugé, foit faveur, ou autres raifons qu'il ne m'appartient pas de fcruter, on a

exalté certaines fources avec une efpece d'enthoufiafme, jufqu'à leur accorder des vertus,
pour ainfi dire miraculeufes, tandis qu'on a dé-
crié, méprifé & même condamné certaines fources, qui jouiffent depuis un temps immémorial de
la réputation la mieux méritée, puifqu'elles peuvent être mifes en parallele avec les plus efficaces & les plus célébres du royaume, par les
cures fingulieres qu'elles ont de tout temps opérées, & qu'elles opérent journellement.

Les Sources, dont j'entreprends de faire l'a-
pologie, font celles de Saint-Amand, dans le
Comté de la Flandre Françoife, à trois lieues de
Valenciennes, fix de Douai, huit de Lille, &
environ cinquante de Paris. N'ayant point l'a-
vantage d'être de cette province, je n'ai aucun
intérêt particulier à en exalter les productions:
le bien de l'humanité eft le feul motif qui me
fait agir. L'ufage de ces Eaux a procuré des
guérifons furprenantes, fur-tout lorfque cet
ufage a été dirigé par les Médecins & Chirurgiens prépofés à cet effet: que ne puis-je faire
parler ici ceux qui leur doivent le rétabliffe-
ment de leur fanté, & celui des mouvemens
de leurs membres, dont ils étoient privés, *&c.*
Excités par le devoir de la reconnoiffance &
celui de l'hommage que tout homme doit à la
vérité, ils en diroient plus que moi là-deffus:
je me contenterai de rapporter feulement quelques obfervations, qui prouveront que je n'a-
vance rien de trop: je choifirai dans le nombre
des cures les plus extraordinaires opérées par le
moyen des Eaux minérales de Saint-Amand,

celles des maladies qui avoient réſiſté aux ſecours ordinaires de la Médecine, & qui ſe trouvent inférées dans les Journaux intéreſſans,
qu'on a ſoin d'y conſerver pour la ſatisfaction
de ceux qui les dirigent, & pour ſervir de mémoire à la poſtérité: j'y joindrai celles qui me
ſont particulieres, & pour ainſi dire perſonnel-
les, puiſque c'eſt par mes conſeils & en vertu
de mes ordonnances, que les perſonnes qui en
feront le ſujet, ont recouvré leur ſanté & l'uſage de leurs membres. Une pratique de trente
années, en qualité de Médecin & de Chirurgien-
Major de l'Hôpital militaire de Rocroy, m'a
ſouvent fourni des occaſions d'obſerver & d'ad-
mirer l'efficacité de ces Eaux, ſur-tout depuis les
guerres de 1744. Je peux dire avec vérité, que
de tous les Soldats, à qui je les ai ordonnées,
les uns ont été parfaitement guéris, & les autres
en ont reçu de très-grands ſoulagemens, qui
donnoient lieu d'eſpérer qu'une ſeconde ſaiſon
auroit procuré une entiere guériſon. On ne
doit pas ſe promettre que de longues infirmités
puiſſent céder dans une ſeule ſaiſon à la vertu
des Eaux minérales, quelque ſalutaires qu'elles
puiſſent être; il en faut quelquefois deux, trois
& même quatre. J'ajoute à cela, qu'il faut les
prendre non-ſeulement avec perſévérance, mais
encore avec confiance: cette derniere condition
eſt d'autant plus néceſſaire, que toutes les fois
qu'on fait uſage d'un remede auquel on n'a
point de confiance, on le prend toujours avec
répugnance, & on le prend mal. La perſévérance eſt auſſi néceſſaire: l'on a vu des perſonnes

qui avoient été trois fois prendre les Eaux, les bains, &c. fans en reffentir de foulagement bien marqué, & qu'une quatrieme faifon a guéries radicalement : d'après cela on ne doit pas s'é-tonner fi quelques malades, ayant été une faifon aux Eaux de Saint-Amand, par exemple, & n'en ayant pas reçu le foulagement qu'ils ef-péroient, fe font imaginé que ces Eaux ne leur convenoient pas, ou n'avoient pas les qualités qu'on leur attribue ; ce qui les a déterminés à changer de fource, & à aller à Plombieres, à Bourbonne, &c. où elles ont recouvré leur fan-té, parce que les dernieres ont achevé ce que les premieres avoient commencé, & *vice versâ.*

Un Chirurgien de ma connoiffance m'a affu-ré, qu'ayant accompagné aux eaux de Bour-bonne une Dame de Châlons en Champagne, qui y alloit pour la cinquieme fois, étant atta-quée de paralyfie des deux extrémités inférieu-res, fans en avoir reçu aucun foulagement bien marqué, après la cinquieme faifon (c'étoit fur la fin du mois de Juin), elle s'en retournoit chez elle, bien décidée à y retourner au mois de Septembre fuivant pour la fixieme fois. Partant de Bourbonne elle fut coucher à Lan-gres (il y a fix lieues) ; on la mit dans fon lit, &, dans le temps que fes gens étoient à fouper, cette Dame fentit dans les parties paralyfées un mouvement extraordinaire qui les lui fit chan-ger de fituation ; ce qu'elle n'avoit pas fait de-puis près de quatre ans. Comme elle étoit feule, elle effaya de fortir de fon lit, & fe ren-dit jufqu'à fa fenêtre : elle appella fon Chirur-

gien, qui fut fort surpris de cette espece de
miracle : quoiqu'elle ait été de mieux en mieux,
elle retourna à Bourbonne le mois de Septembre suivant, & jouit depuis ce temps-là de la
santé la plus parfaite.

Si cette Dame se fût rebuté des eaux de Bourbonne la quatrieme saison, & qu'elle eût été la
cinquieme à celles de Saint-Amand, ou ailleurs, on n'auroit pas manqué d'attribuer cette
guérison aux dernieres Eaux dont elle auroit
fait usage, & par conséquent une supériorité
sur celles de Bourbonne.

Si j'ai quelques choses à me reprocher dans
ce moment-ci, c'est de n'avoir pas tenu, dans
le cours de trente années que j'ai été chargé du
soin des malades de l'Hôpital militaire de
Rocroy, un état exact du nom de chaque
soldat que j'ai envoyé aux Eaux minérales de
Saint-Amand, ainsi que celui de chaque Régiment : je ne m'attendois pas que je dusse jamais
employer mon zele à la défense de ces Eaux ;
mais un ouvrage, qui a paru depuis peu sous
le titre d'*Instruction sur l'Usage des Eaux Minérales*, & dans lequel il se trouve un article
concernant les Eaux de Saint-Amand, qui, s'il
étoit vraisemblable, pourroit déprécier leurs
vertus les plus généralement avouées ; j'ai cru
devoir rapporter cet article, afin de mieux
faire connoître au Public, pour lequel cet ou-
vrage-ci est destiné, que c'est à tort & mal-à-
propos qu'on n'attribue leurs vertus & propriétés qu'à un principe de putridité ; & que l'Auteur n'a pu s'énoncer de cette maniere, que

parce qu'il ne les a pas connues par lui-même: voici le précis de cet article.

» Les Eaux de Saint-Amand, petite ville des
» Pays-Bas, *&c.* font peut-être, dit l'Auteur, de
» toutes les Eaux minérales, celles dont la ré-
» putation eft la moins méritée : leur fource
» eft dans une prairie, dont le fond eft maré-
» cageux, & qui, à raifon de l'odeur putride
» qu'elles exhalent, a fait croire qu'elles conte-
» noient du foufre ; mais, que l'analyfe la plus
» fcrupuleufe n'en a pas découvert la moindre
» parcelle ; que cependant l'expérience a fou-
» vent prouvé qu'elles guériffoient ou pallioient
» les éruptions dartreufes, les douleurs de rhu-
» matifme, les articulations nouvellement an-
» kylofées ; relâchoient les brides des ancien-
» nes cicatrices : que leur ufage intérieur ne
» produit pas grands effets, & qu'il n'y a que
» l'application des boues, & les bains, qui opé-
» rent ces différentes guérifons, *&c.* »

Sur cet énoncé, qui ne croiroit que l'Auteur ne l'a avancé qu'après avoir vérifié par lui-même la vérité de fon affertion ? Cependant les connoiffances qu'on a des Eaux minérales de Saint-Amand, ne permettent pas de douter que cette propofition ne foit tout au moins hafardée, & que bien loin de les connoître par lui-même, il s'en eft vraifemblablement rapporté à la fauffe décifion de quelques mal-intentionnés ; ce qui prouve que dans de pareilles circonftances il feroit toujours bon de voir par foi-même. J'ef-père que l'Auteur ne défaprouvera pas la liberté que je prends, d'effayer de lui prouver qu'il s'eft

trompé, ou qu'on l'a trompé lui-même dans le
rapport qu'on peut lui avoir fait au sujet des
Eaux minérales de Saint-Amand, à moins qu'il
n'ait appuyé son raisonnement sur ce qu'en dit
l'Auteur de la Nouvelle Hydrologie; ce qui
n'est pas vraisemblable, puisque la critique de
celui-ci s'étend sur les Eaux en général, princi-
palement sur celles de Plombieres, de Luxeuil,
&c. desquelles il rend un jugement bien moins
favorable qu'à celles de Saint-Amand. Il y a
cependant long-temps que ces Eaux, ainsi que
celles dont je plaide la cause, jouissent d'une
réputation bien méritée: mais il faut observer
que cet Auteur ne traite de ces Eaux, que comme Minéralogiste, & non comme médecin.

Il est dit, que *Les Eaux de Saint-Amand*
sont peut-être de toutes les Eaux minérales, celles
dont la réputation est la moins méritée. Si l'Auteur de cet article s'étoit donné la peine de lire
les principaux ouvrages qui traitent de ces
Eaux, il est à présumer qu'il n'auroit pas hasar-
dé une pareille proposition, avant que de s'être
assuré mieux, si ce qu'en disent les Auteurs de
ces ouvrages, est fondé, ou non; attendu que
cet énoncé tend, sinon à détruire la réputation dont elles jouissent à si juste titre, au moins
à affoiblir la confiance de ceux qui peuvent être
dans le cas d'y avoir recours, ainsi que celle
des Médecins, qui sont par leur état dans celui
d'en prescrire l'usage. J'ai fait voir la nécessité
de cette confiance.

Ces ouvrages sont 1°. un Traité d'Héroguelle, intitulé *La vraie Panacée,* dédié à Louis

le Grand, imprimé à Tournai en 1685. 2°. Trois
lettres manuscrites de M^r. Brisseau, médecin
des Hôpitaux du Roi à Tournai, dont deux
adressées à M^r. Fagon, premier médecin de
Louis XIV, & la troisieme à un Médecin de
ses amis, dont les originaux sont entre les mains
de M^r. Desmilleville, médecin des Hôpitaux
du Roi à Lille en Flandre, dont je rapporterai
l'extrait plus tard. 3°. Un Traité des Eaux minérales de Saint-Amand, par Mignot, médecin
des Hôpitaux du Roi à Mons, imprimé à Valenciennes en 1700. Le Temple d'Esculape, par
Pitoye, ou Journal de ce qui s'étoit passé de
plus particulier aux Eaux de Saint-Amand en
1700, imprimé en la même année. 5°. Un
Traité des Eaux minérales de Saint-Amand par
M^r. Brassard, qui en étoit médecin & directeur
en 1714, imprimé à Lille. 6°. Le Mémoire
de M^r. Morand, lu à l'Académie des Sciences
de Paris, & inséré dans les Mémoires de ladite
Académie du 24 Avril 1743. 7°. Les Observations de M^r. Gosse, médecin de l'Hôpital
militaire de Saint-Amand, imprimées à Douai
en 1750. 8°. Un Essai physique sur les Eaux
minérales de Saint-Amand, par M^r. Bouquié,
chirurgien aide-major des armées du Roi, &
chirurgien en chef du même Hôpital, imprimé
à Lille en 1750. 9°. L'Essai historique & analytique des Eaux & des Boues de Saint-Amand,
où l'on examine leurs principes, leurs vertus,
& particuliérement l'utilité des établissemens
nouveaux relatifs à leur usage, par M^r. Desmilleville, médecin des Hôpitaux du Roi à Lille

en Flandre, imprimé à Valenciennes en 1767.
10°. Les Journaux des guérifons opérées par
l'ufage des Eaux & Boues minérales de Saint-
Amand, pendant les années 1767, 1768,
1769, 1770 & 1771, par le même ; imprimés
à Valenciennes en 1772. On auroit vu dans
ces différens ouvrages, que la réputation, dont
jouiffent les Eaux minérales de Saint-Amand,
eft certainement bien méritée.

La Source de ces Eaux, dit l'Auteur de cet
article, *eft dans une prairie, dont le fond eft marécageux, & qui, à raifon de l'odeur putride
qu'elles exhalent, a fait croire qu'elles contenoient
du foufre ; mais que l'analyfe la plus fcrupuleufe
n'en a pas découvert la moindre parcelle.* Cet
énoncé prouve encore bien pofitivement, que
l'Auteur a été mal informé de la nature de ces
Eaux, comme j'efpére le faire voir dans peu ;
ou bien ceux qui en ont écrit, fe feroient accor-
dés pour en impofer au Public. Or, quelle
apparence? D'ailleurs les faits font aifés à véri-
fier ; ou plutôt ils le font de maniere à ne point
laiffer de doute, tant fur leurs qualités, que
fur leur efficacité.

Il eft vrai qu'anciennement les Eaux des fontaines de Saint-Amand n'étoient pas auffi pures
qu'elles le font aujourd'hui, & que l'efpace de
terrein, dans lequel font contenues les boues
merveilleufes qu'elles humectent continuellement, étoit autrefois une efpece de marécage,
qu'il faut pourtant bien diftinguer des maréca-
ges ordinaires: celui dont il eft queftion a toujours confervé fa chaleur dans toutes les faifons,

dans tous les temps, même pendant les plus
fortes gelées ; ce que ne font point les autres
marais ; preuves certaines que cette odeur pre-
tendue putride, qu'elles exhalent, émane plutôt des principes fulfureux contenus dans les
Eaux qui forment ces boues : c'eft ce qu'une
analyfe plus fcrupuleufe a démontré à M\rs.
Héroguelle, Briffeau, Mignot, &c. Mais une
circonftance qu'on n'auroit pas dû ignorer, c'eft
que depuis 1767, on a fait aux Fontaines &
aux Boues de Saint-Amand, des réparations
de la derniere conféquence, qu'un préjugé mal
entendu avoit fait différer. Les Eaux des Fontaines de Saint-Amand ont été, par ces réparations, rendues plus pures, en éloignant tout
ce qui pouvoit les troubler : le terrein, foi-di-
fant marécageux, dans lequel on alloit prendre les boues, étoit expofé à toutes les injures
des temps ; de forte que s'il faifoit fort chaud,
les preneurs de boues étoient très-incommo-
dés par l'ardeur du foleil ; s'il faifoit froid, ou
de la pluie, les parties qui étoient dans les boues
étoient chaudement, tandis que le refte du
corps étoit fi froid, qu'ils étoient obligés de
défifter, & gagnoient fouvent la fiévre, des
rhumes ou catharres, &c. Pour remédier à ces
inconvéniens, on a couvert cet endroit de façon que les preneurs de boues font à l'abri des
intempéries de l'air, & que, par le moyen des
fenêtres qu'on a eu attention d'y pratiquer,
les boues elles-mêmes ne font pas privées des
rayons du foleil ; ainfi les buveurs d'eau, &
les preneurs de bains & de boues y peuvent

jouir de tous les agrémens possibles, relative-
ment aux circonstances. C'est aux soins parti-
culiers que Mr. de Taboureau, intendant de la
province du Hainaut, a bien voulu se donner
pour cet établissement si utile, qu'on doit ces
avantages. Ce Magistrat a même fait un régle-
ment de police, aussi sage que nécessaire, tant
pour la sûreté, que pour prévoir les besoins des
buveurs & autres. Mrs. les Religieux de l'Abbaye de Saint-Amand, se sont distingués par
les dépenses immenses qu'ils ont faites, dans la
vue de procurer toutes les ressources possibles
à ceux que la nécessité amene à ces Eaux, pour
y recouvrer la santé; de sorte qu'il y a peu
d'endroit de ce genre, où l'on en trouve autant qu'à Saint-Amand.

Si l'analyse la plus scrupuleuse de ces Eaux
n'a pas découvert qu'elles contiennent la
moindre parcelle de soufre, ceci me paroît bien
un paradoxe; & certainement l'analyse en ques-
tion n'a pas été faite aussi scrupuleusement, ni
avec autant d'exactitude qu'on a pu l'avancer.
Mr. Desmilleville a été plus heureux par celle
qu'il s'est donné la peine de faire dans le mois
de Mai de l'année 1767, conjointement avec
Mr. Decroix, apothicaire & très-habile chy-
miste à Lille.

Comme mon intention n'a d'autre but que
celui de convaincre le Public du vrai mérite
des Eaux de Saint-Amand, & leur rendre en
même temps la justice qui leur est due, je ne
crois pouvoir mieux faire, que de rapporter
mot pour mot l'énoncé de Mr. Desmilleville,
tiré

tiré du chapitre troifieme de fon Effai hiftorique & analytique des Eaux & Boues de Saint-
Amand: on y reconnoît la bonne foi fans
préjugé : C'eft un habile Médecin, établi par le
Roi, intendant de ces Eaux, accompagné d'un
Chymifte fçavant & laborieux, lefquels ont
découvert, par leurs opérations analytiques,
les fubftances minérales qui ont pu être foumifes à leurs expériences.

» En rendant juftice, dit Mr. Defmilleville ,
» aux Auteurs qui ont en différens temps confa-
» cré leurs foins & leurs lumieres à développer
» la nature de ces précieux remedes (les Eaux
» de Saint-Amand), j'ai dit que les obferva-
» tions, & l'Effai phyfique de Mrs. Goffe &
» Bouquié fur cette matiere, étoient les ouvra-
» ges qui fatisfaifoient le plus: ce font en effet
» les plus méthodiques & les mieux approfon-
» dis. Cependant, après avoir vérifié leurs ex-
» périences par moi-même, il m'a paru qu'elles
» laiffoient quelques chofes à defirer. On de-
» voit être curieux de connoître, & l'on pou-
» voit efpérer de trouver la caufe éloignée des
» principes qui conftituent la qualité de ces
» Eaux. Il étoit fur-tout à fouhaiter de pouvoir
» parvenir non-feulement à y démontrer phy-
» fiquement l'exiftence d'un foufre volatil, qui
» fait leur grand mérite, & que ces Auteurs
» y ont reconnu, mais encore à le fixer ; &
» c'eft cè qui a fait l'objet de mes recherches.

» Quoiqu'inftruit, comme tout médecin doit
» l'être, des principes de chymie, je n'ai pas
» voulu m'en rapporter à mes feules connoif-

B

» fances : flatté de fatisfaire en tout la curio-
» fité du Public, & de l'inftruire avec certitu-
» de, je me fuis fait un devoir de confulter &
» d'affocier à mon travail un Chymifte éclairé
» dans la théorie & dans la pratique : j'avoue
» que cet Artifte habile (M*r*. Decroix,) m'a
» beaucoup aidé dans les moyens de parvenir
» à mon but.

» Nous nous rendîmes aux Fontaines de
» Saint-Amand le 15 de Mai 1767, temps
» qui nous parut le plus propre à étudier les
» productions de la nature, & à développer le
» mécanifme de fes travaux. Nous obfervâ-
» mes ce que l'on va voir par le détail qui fuit
» de nos différentes expériences ».

Premiere Expérience.

» L'huile de Térébenthine, verfée dans les
Fontaines, repréfente vraiment fur la fuperficie
de leurs Eaux les couleurs de l'arc-en-ciel,
comme j'ai dit que M*r*. Goffe l'avoit remarqué dans fes obfervations. Celle de ces Sources, où ce phénomene fe rend le plus fenfible,
eft fur-tout la petite Fontaine ifolée, qui eft en
plein air vis-à-vis le baffin des boues. L'huile
n'y eft pas plutôt répandue, qu'elle y fait voir
fur la furface de l'eau la figure & les couleurs
de l'Iris : mais les bouillons que cette fource
jettent continuellement, renouvellent & va-
rient ces couleurs, en donnant divers arrange-
mens aux parties de la matiere qui furnage.
On voit paroître tour à tour différens objets,

qui forment le plus agréable coup-d'œil ».

« Pour fuivre les effets ultérieurs de cette épreuve, nous enlevâmes la pellicule très-déliée, qui furnage & qui produit ces apparences: alors elle perdit fes couleurs brillantes, & devint une matiere blanche, molle & adhérante aux doigts, laquelle étant féchée au foleil, eft une vraie térébenthine régénérée, & de la confiftance de la térébenthine cuite ».

Deuxieme Expérience.

« L'Eau de ces Fontaines, & particulierement celle de la Fontaine de l'Evêque d'Arras, mife dans une bouteille, fur l'orifice de laquelle on applique une piece d'argent, donne à ce métal une couleur d'or en douze minutes; & en trente, la piece devient noire ».

Troifieme Expérience.

« Ces Eaux ne donnent aucune couleur rouge à la teinture bleue des végétaux: il femble plutôt, comme le difent M^{rs}. Goffe & Bouquié, qu'elles tendent un peu au verd; ce qui prouve en elles l'abfence de l'acide au moins développé, & l'exiftence d'une matiere alkaline ».

Quatrieme Expérience.

« L'écorce de grenade leur communique une couleur orangée; la noix de galle une couleur citrine; effets que ces deux fubftances végétales

produisent également sur l'eau de puits ou sur
celle de pluie. Ces dernieres épreuves n'an-
noncent ni le fer, ni le vitriol; car leur existen-
ce dans nos Eaux minérales, y produiroit une
couleur noire, ou du moins violette, par le
mélange de l'écorce de grenade, ou de la noix
de galle ».

Cinquieme Expérience.

« Le savon blanc, mis en parcelle dans ces
Eaux, & fouetté avec un bâton fendu & écarté
par le bout, comme l'on fait mousser le cho-
colat, se dissout fort bien d'abord, mais, un
peu après, quelques grumeaux surnagent ».

« Cette expérience donne lieu de croire
qu'un sel sélénite (qui est un sel neutre compo-
sé d'acide vitriolique, uni à une base terreuse),
existe dans nos Eaux, & décompose le savon.
Les gens de l'art n'ignorent pas que l'acide vitriolique, ayant plus d'affinité avec l'alkali du
savon qu'avec la base terreuse, quitte celle-ci
pour s'unir à l'alkali, avec lequel il a plus de
rapport. Le savon se décompose alors : ses parties huileuses, abandonnées de l'alkali, s'ac-
crochent & surnagent, comme étant plus
légeres que l'eau qui l'avoit dissous ».

« Il faut observer que toutes les eaux de
puits, qui contiennent un sel sélénite, font le
même effet avec le savon & le syrop de violettes ; c'est-à-dire, qu'elles décomposent le savon, & semblent un peu verdir le syrop ».

Sixieme Expérience.

« Le fel de tartre blanchit nos Eaux minérales, & y dépofe par réfidence un fédiment
blanchâtre ; effet qu'il produit également dans
les eaux de puits, qui contiennent un fel félénite ; mais qu'il n'opére pas dans l'eau diftillée ;
autre indice de l'exiftence du fel félénite en nos
Eaux ».

« Dans cette expérience il eft à préfumer que
l'acide vitriolique du fel félénite abandonne fa
bafe terreufe, avec laquelle il étoit combiné
naturellement : il s'unit au fel de tartre, qui eft
un alkali fixe, & il lâche fa bafe, qui blanchit
la liqueur, jufqu'à ce qu'enfin le repos l'ait
éclaircie par la précipitation de cette bafe, qui
forme le fédiment ».

Septieme Expérience.

« Le fublimé corrofif diffous dans l'Eau de
ces fontaines, la rend blanche : elle s'éclair-
cit par réfidence, & laiffe au fond un vrai précipité blanc de mercure, dans lequel M^r. Goffe
dit avoir remarqué des menus grains orangés,
en petit nombre ; ce qui n'a point paru dans
nos obfervations réitérées ».

« Voici ce que ce procédé nous donne lieu
de croire : Une portion de terre de la nature de
la chaux, que ces Eaux contiennent, fe charge
de l'acide marin furabondant, qui étoit uni au
mercure dans le fublimé corrofif, & ce mer-

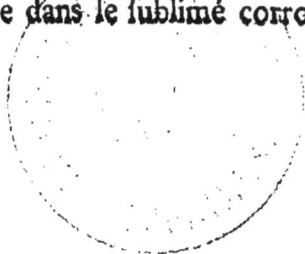

cure se précipite par son propre poids sous la forme d'une poudre blanchâtre. Les grains orangés que le sieur Gosse a observés, sont, selon nous, de la nature du turbith minéral, qui se précipite sous cette couleur orangée, lorsqu'il rencontre dans l'eau, où on le dissout, quelque terre de la nature de la chaux. On n'ignore pas que le sublimé corrosif, dissous dans l'eau de chaux, laisse un précipité jaune ».

Huitieme Expérience.

« La dissolution de mercure étant jettée dans les Eaux de nos fontaines, ce mêlange les rend d'abord troubles & blanches ; mais elles prennent presqu'aussitôt une couleur jaune, qu'elles perdent à mesure que le mercure se précipite sous cette couleur : le raisonnement que l'on doit faire de ce procédé répond à celui de l'expérience précédente ».

Neuvieme Expérience.

« Un sel alkali fixe, exposé entre deux linges à l'orifice d'une bouteille qui contient de l'eau de la fontaine d'Arras, se noircit au bout de quelques heures, & s'empare du soufre volatil de l'eau, qui a perdu tout-à-fait alors son odeur & son goût d'œuf couvé ».

« La grande affinité que les alkalis ont avec le soufre, est la cause que le soufre volatil est arrêté dans sa fuite à l'orifice du vaisseau, par le sel alkali qu'on lui a opposé ».

Dixieme Expérience.

« Cet alkali empreint du foufre volatil , diffous dans l'eau diftillée, n'y communique aucune couleur. Une liqueur acide , ajoutée à
cette diffolution, y excite une effervefcence affez forte qui la trouble ; & quelque temps
après , elle dépofe une poudre grife, qui rend
fur les charbons ardens une odeur de foufre ».

« Cette diffolution alors a l'odeur de l'eau
de la fontaine d'Arras, de laquelle l'alkali avoit
arrêté le foufre volatil : elle rougit & noircit
également l'argent qu'on expofe à l'orifice de
la bouteille qui la contient ».

« Dans cette expérience, l'alkali tient le foufre volatil en diffolution avec lui dans la liqueur;
mais l'acide qu'on y ajoute , oblige l'alkali, où
ce foufre fugitif reftoit comme enchaîné , de
l'abandonner à lui-même ; & cet alkali s'unit à
l'acide, avec lequel il a plus d'affinité que le
foufre ».

Onzieme Expérience.

« Ayant fait évaporer dans des vaiffeaux de
verres fix livre d'eau de la fontaine d'Arras,
jufqu'à la réduction d'environ dix onces , moment où il commença d'y paroître une pellicule très-déliée, qui furnageoit la liqueur, nous
mîmes le vaiffeau en lieu frais ; il y refta pendant vingt-quatre heures , fans que cette eau
nous eût encore fourni la moindre apparence
de cryftalifation. La pellicule étoit un peu onc-

tueuſe au tact. Nous filtrâmes la liqueur, qui
abandonna ſa pellicule au filtre. Nous fîmes de-
rechef évaporer cette liqueur au bain de cendre, juſqu'à la réduction d'environ une once,
ſans qu'il y parût de nouvelle pellicule. Le
vaiſſeau, remis de nouveau en lieu frais l'eſpace de vingt-quatre heures, nous fit voir des
petits cryſtaux fort déliés, qui diſparurent par
le mouvement du vaiſſeau. Alors nous eûmes
recours à la loupe, qui ne nous repréſenta rien
de plus. Le vaiſſeau remis au bain de cendre,
& la liqueur évaporée juſqu'à ſiccité, elle nous
fournit vingt-quatre grains de ſel neutre ».

Douxieme Expérience.

« Ce ſel, diſſous dans un peu d'eau diſtillée,
ne rougit pas le ſyrop de violettes ; preuve
qu'il ne contient pas d'acide développé ; mais
il ſembla le verdir un peu ».

Treizieme Expérience.

« Ayant verſé de l'huile de tartre par défaillance ſur la même diſſolution, la liqueur ſe
troubla un peu, & laiſſa, après quelque temps
de repos, un ſédiment qui, étant ſéché, fit
une petite efferveſcence avec l'eſprit de vitriol ».

Quatorzieme Expérience.

« La matiere de la pellicule reſtée ſur le
filtre, ne put ſe diſſoudre dans l'eau ; l'ayant

fait fécher, nous en mîmes dans un verre, nous y verfâmes un peu d'efprit de vitriol, avec lequel elle fit effervefcence. Il réfulte de cette opération,

1°. Que la pellicule étoit d'une terre bolaire.

2°. Que le fel étoit de la nature du fel félénite, & qu'il fe décompofa par la rencontre de l'alkali-fixe du tartre, avec lequel l'acide vitriolique de ce fel félénite s'eft combiné pour former un tartre vitriolé. La bafe du fel félénite abandonnée à elle-même, fe précipite & forme le fédiment remarqué dans le mélange de la diffolution du fel de notre évaporation, avec l'huile de tartre par défaillance ».

Quinzieme Expérience.

« Pendant que nous étions occupés à notre analyfe, il nous tomba dans les mains un des pyrites dont nous parlerons tout-à-l'heure. Cette marcaffite étoit chargée fuperficiellement d'une belle cryftalifation blanche, que nous détachâmes ; nous y reconnûmes un fel que nous crûmes pouvoir diffoudre dans l'eau froide ; mais nous ne parvînmes à fa diffolution qu'au degré de l'eau bouillante, encore fûmesnous obligés d'y ajouter de l'eau, pour donner plus d'étendue à ce fel opiniâtre. Nous filtrâmes la liqueur, à laquelle nous préfentâmes un fel alkali-fixe qui la troubla, & laiffa, par le repos, un fédiment blanchâtre. Cette expérience nous confirme de plus en plus l'exiftence du fel félé-

nite dans nos eaux ; car il eft de la nature de ce
fel de fe diffoudre difficilement dans l'eau , à
moins qu'elle ne foit bouillante , & de fe dé-
compofer facilement à l'approche d'un alkali-
fixe ».

« Voilà , fans doute , l'exiftence du fel félénite & celle d'une matiere femblable à la chaux,
affez bien établie dans ces eaux ».

« D'autre part, il eft prouvé dans les Obfervations de M. Goffe & dans l'Effai phyfique
de M. Bouquié , que le foufre y réfide auffi :
tâchons maintenant de démontrer qu'il n'y
exifte qu'en *Hepar fulphuris* (foufre diffous
par un alkali) , & non fous fa forme naturelle ».

Seixieme Expérience.

« La marcaffite , dont parle M. Goffe , eft
un vrai pyrite qui participe du foufre , du cui-
vre , & d'un fer mal digéré. Il rend du feu ,
quand on le frappe avec le briquet ; il communique une couleur bleue à l'efprit de nitre, dans
lequel on l'a fait diffoudre ; il donne une flamme
bleue & une odeur de foufre , lorfqu'on le fait
rougir au feu ».

« Ce pyrite rougit immédiatement au feu ;
& jetté dans l'eau commune , il lui communique l'odeur & le goût de l'eau de la Fontaine d'Arras ».

« Nous avons obfervé que fi on laiffe trop
long – temps ce minéral fur les charbons ardens, il perd la vertu de donner cette odeur
& ce goût à l'eau dans laquelle on l'a plongé ;

& cela parce que le foufre de cette marcaffite fe décompofe & fe confume avant que fa terre ne foit alkalifée par la calcination ».

« Cette derniere obfervation nous porta à faire calciner ce pyrite dans un creufet rougi entre les charbons ardens & couvert d'une tuile. Nous laiffâmes la matiere en calcination l'efpace d'une heure ; après quoi, nous prîmes ce minéral embrafé, que nous jettâmes dans l'eau de puits. L'odeur & le goût de l'eau de la Fontaine d'Arras fe manifefterent auffitôt ; ce qui nous confirma dans le raifonnement que nous avions fait fur la perte de la vertu de cette marcaffite, par une calcination immédiate & trop longue fur les charbons ».

Dix-feptieme Expérience.

« Nous ne nous arrêtâmes point à ces épreuves fur ce minéral : nous en prîmes environ deux onces que nous fîmes réduire en poudre, à laquelle nous ajoutâmes une once de falpêtre & autant de tartre cru : nous fîmes la projection de ce mêlange dans un creufet rougi au feu ; il fe fit une détonnation auffi confidérable que dans l'opération de l'antimoine diaphorétique. Nous couvrîmes enfuite le creufet, & nous laiffâmes la matiere en calcination pendant une demi-heure : après l'avoir laiffé refroidir, nous trouvâmes une certaine quantité d'*Hepar fulphuris*, que nous fîmes bouillir dans l'eau, l'efpace d'une demi-heure. Nous filtrâmes la diffolution, fur laquelle nous verfâmes de l'efprit de vitriol : la liqueur devint laiteufe, & dépofa, par réfidence, un vrai _Magifter de foufre_ (c'eft un foufre diffous par un alkali, & précipité par un acide). Cette liqueur laiteufe, ou _Lac fulphuris_, a le goût & l'odeur de l'eau de la Fontaine d'Arras, mais beaucoup plus marquée ».

Dix-huitieme Expérience.

« Une piece d'argent, expofée à l'orifice d'une bouteille qui contient cette efpece de lait, fe jaunit d'abord, & enfuite fe noircit. Ce procédé répond à notre deuxieme expérience de l'analyfe des eaux ».

Dix-neuvieme Expérience.

« Un alkali-fixe, expofé à l'orifice du vaiffeau, fe noircit au bout de quelques heures, & prend l'odeur d'œuf couvé, qui eft l'odeur propre du lait de foufre. Cet autre procédé répond à notre neuvieme expérience, de la même analyfe ».

Vingtieme Expérience.

« Cet alkali, empreint du foufre volatil de ce lait, étant diffous dans l'eau diftillée, n'y communique aucune couleur. Une liqueur acide, ajoutée à la diffolution, donne lieu à la précipitation du foufre volatil fixé par l'alkali-fixe. Ce procédé répond à notre dixieme expérience ».   « Toutes

« Toutes ces expériences prouvent que ces pyrites fourniſſent les matieres qui donnent les qualités aux Eaux de Saint-Amand , & que la ſubſtance qui y domine eſt le ſoufre qui y exiſte en *Hepar ſulphuris* : car il eſt de toute impoſſibilité que le ſoufre ſe diſſolve dans l'eau , ſans le ſecours d'un alkali , ou de la chaux , ou d'une matiere de la nature de la chaux. D'ailleurs , l'odeur d'œuf couvé que rendent ces Eaux minérales , eſt vraiment l'odeur d'*Hepar ſulphuris* , que le ſoufre pur ne donne pas. Cet *Hepar* jaunit & noircit l'argent , comme font ces Eaux-mêmes ».

« Un alkali-fixe , oppoſé à l'orifice du vaiſſeau , ſe noircit & ſe charge du volatil du lait de ſoufre , comme le fait un pareil alkali expoſé ſur l'eau de la Fontaine d'Arras , pourvu qu'elle ſoit nouvellement tirée. Cet alkali diſſous ſaturé d'acide , dépoſe un ſédiment , comme fait celui chargé du ſoufre volatil de la Fontaine. La pellicule blanchâtre qu'on obſerve ſur les boues , & qui vient des mêmes ſources , a les propriétés du Magiſter de ſoufre ».

« Enfin , toutes ces expériences raſſemblées & comparées , ſemblent ne point laiſſer de doute que nos Eaux ne contiennent un ſel ſélénite , une terre abſorbante , & un ſoufre combiné avec cette terre , à l'aide des feux ſouterreins. De nouvelles recherches que nous nous propoſons de faire , pourront conſtater , avec plus d'évidence encore , ce que nous avançons aujourd'hui ».

« Mais l'on nous objectera peut-être que

C

les pyrites dont nous venons de parler, ne contiennent aucun alkali, ni aucune matiere alkaline, propre à former un *Hepar sulphuris* :
que cependant ces pyrites, rougis au feu &
jettés dans l'eau commune, lui communiquent
l'odeur & le goût de l'eau de la Fontaine d'Arras, que nous disons être l'odeur de l'*Hepar
sulphuris* ».

« Nous répondrons à cette objection, que
ces pyrites ne contiennent à la vérité aucun
alkali, ni aucune terre de la nature de la chaux;
mais nous disons que dans la calcination, la
terre non métallique de ce minéral s'alkalise &
donne lieu à la combinaison du soufre avec
cette matiere alkalifée ».

« D'accord, nous dira-t-on peut-être, mais
grace au fourneau de Chymie. Dans les entrailles de la terre, qui pourroit donner lieu
à la formation de cet hepar ? »

« A ceci nous répondons : La chaleur in-
testine de la terre est le premier mobile de
la production de tous les minéraux. Sans elle,
point de pierres, nulle marcassite, aucuns mé-
taux, &c. Qu'on réfléchisse sur quantité d'opérations naturelles, qui se font dans le sein de
la terre à l'aide des feux souterreins: que l'on
jette des yeux physiques sur l'opération du
cinabre naturel, qui est un soufre combiné avec
le mercure dans les entrailles de la terre par
l'action des feux souterreins: quel est l'agent
qui le sublime ? Pourra-t-on nier l'action de ce
feu intérieur dans cette opération ? D'ailleurs,
que dans les entrailles de la terre une matiere

en rencontre une autre, avec laquelle elle puiffe fe combiner, ces fubftances ne manqueront jamais d'opérer enfemble, felon l'action plus ou moins grande que la chaleur leur communique «.

« Suppofons, fi l'on veut, que ces pyrites ne fourniffent aucune matiere propre à former cet *hepar* avec fon foufre, ce foufre enlevé de fon corps, & entraîné par l'eau, ne peut-il point, en circulant avec elle dans la terre, trouver dans fon paffage une terre propre à fe combiner avec lui, & à procurer l'effet que nous effayons de prouver ? Voilà ce que nous avions à dire, quant à préfent, fur la nature des Eaux de Saint-Amand ».

" Par rapport aux Boues, nos recherches ne fe font pas étendues plus loin que celles des Obfervateurs qui nous ont précédés. La terre abforbante eft très-bien marquée dans leurs analyfes ,,.

" Quant à la matiere bitumineufe, dont parlent M^rs. Goffe & Bouquié, elle n'eft pas encore bien conftaté ; car il faut faire une différence entre une matiere graffe & un bitume ,,.

" Les vertus de ces Boues minérales ne nous paroiffent réfider que dans les Eaux qui les abreuvent, lefquelles font chargées des mêmes principes que celles des Fontaines: elles tirent encore leur force de la chaleur que ces Eaux leur communiquent. Si de nouvelles découvertes nous en apprennent davantage à cet égard, nous en ferons volontiers part au Public par l'impreffion ,,.   C ij

„ J'ai cru à propos de répéter, par une nouvelle expérience, ce que les Auteurs ont dit
fur le degré de chaleur qu'ont les Eaux & les
Boues. J'ai fait en conféquence arranger un
thermometre, compofé de mercure, & le plus
commode poffible pour cet ufage : il eft felon
les principes de M. de Réaumur. Tout le
monde fçait, qu'il y a quatre-vingt degrés entre
le froid de la glace & la chaleur de l'eau bouillante, & que le tempéré eft de dix degrés au-
deffus de la glace. C'eft fur cette pofition de mon
thermometre, commune à tous les autres, que
je vais fixer le degré de chaleur de nos Eaux „.

1°. Je plongeois, le 6 du mois de Juin 1767,
& à huit heures du matin, ce thermometre
dans la premiere fontaine pendant dix minutes :
le mercure monta dix degrés au-deffus du
tempéré.

2°. Je le pofai durant le même efpace de
temps (après l'avoir laiffé refroidir), dans la
feconde fontaine ; & le mercure a auffi monté
& refté à dix degrés au-deffus du tempéré.

3°. Le même procédé, dans la troifieme
fontaine, ou de l'Evêque d'Arras, a fait éprouver le même changement au mercure, qui a
monté à dix degrés, comme dans les pré-
cédens.

4°. J'ai fait pofer le même jour le thermometre dans la boue pendant l'efpace de quinze
minutes, & cela à fept heures du matin, à midi, & à fept heures du foir ; le mercure n'a
monté le matin & le foir qu'à huit degrés, & à
midi à dix au-deffus du tempéré.

« L'on peut conclure que les Eaux & les Boues ont le même degré de chaleur; mais qu'il peut varier dans les premieres, felon le mouvement & l'agitation de leurs fources, & que la furface des Boues eft foumife aux variations de l'athmofphere, comme je le dirai plus tard „».

Voilà une analyfe qu'on pourroit appeller fcrupuleufe, par les foins que fe font donnés Mrs. Defmilleville & Decroix, dont le réfultat prouve, que les Eaux minérales de Saint-Amand contiennent par excellence un fel félélite, & du foufre diffous par un alkali. L'on voit dans la dix-feptieme expériénce, qu'on a tiré des pyrites, qui fe trouvent en très-grande abondance dans ces cantons, un *hepar fulphuris*, qui, par l'addition de l'efprit de vitriol, donna *un vrai magifter de foufre*. C'eft donc mal-à-propos, qu'il eft dit que *l'analyfe la plus fcrupuleufe n'en avoit pas découvert la moindre parcelle*. D'ailleurs il ne faut que faire attention à l'odeur & au goût de ces Eaux, fur-tout de celles de la Fontaine d'Arras, pour y reconnoître l'odeur & le goût de l'hepar, ou du lait de foufre, & non la putridité marécageufe ordinaire. L'exiftence de ce minéral dans ces Eaux eft encore prouvée par la propriété qu'elles ont de noircir l'argent.

Je ne conçois pas comment il a pu échapper à Mr. Defmilleville une obfervation qu'il auroit pu faire fur la houille, ou charbon de terre, dont il y a une fi grande quantité dans les environs de Saint-Amand, qu'ils en fourniffent la Flandre, le

Hainaut, l'Artois, la Picardie, &c. où les trois quarts des habitans de la plûpart de ces provinces ne brûlent point d'autres choses. L'espece d'huile, que cette terre contient, & qui fait son principal mérite, en la rendant combustible, ainsi que les vapeurs sulphureuses qu'elle exhale, ne laissent aucun doute sur la présence de ce minéral : & il me semble qu'il y auroit bien des réflexions à faire sur ce sujet. L'on trouve fréquemment dans les cendres que laisse cette terre, après qu'elle est consumée, une matiere semblable à un espece de mache-fer : lorsque cette matiere est en fusion, elle ressemble assez à du fer fondu, & elle exhale une odeur très-sulphureuse.

Si l'on m'objecte, que ce soufre se trouve en si petite quantité dans les Eaux de Saint-Amand, que ce n'est presque pas la peine d'en parler; je pourrois répondre que cette quantité ne peut point être déterminée, quelques recherches que l'on puisse faire par les analyses les plus scrupuleuses, eû égard à la parfaite dissolution que ce minéral éprouve dans sa combinaison avec l'alkali féléniteux. Si cette réponse n'est pas assez satisfaisante, je rapporterai mot pour mot le raisonnement très-judicieux de M.r Richard, qui prévient une pareille objection, qu'on auroit pu lui faire au sujet des eaux de Bagniere de Luchon, dont il a fait l'analyse avec M.r Bayen, apothicaire-major des camps & armées du Roi, en 1766, rapportée dans le deuxieme volume du Recueil des Observations de Médecine des

Hôpitaux militaires, imprimé en 1772.

,, Mais, nous dira-t-on (dit M^r. Richard), comment eſt-il poſſible qu'une ſi petite quantité de ſubſtances étrangeres, contenues dans les eaux de Luchon, puiſſe opérer de ſi grands effets? A peine une livre de ces eaux contient-elle quelques grains de minéral: Cette objection mille fois répétée, n'eſt cependant que ſpécieuſe, il eſt fort aiſé d'y répondre ,,.

,, Il n'eſt pas de Médecin intelligent, qui ne connoiſſe l'avantage que l'on tire de l'uſage journalier & continué de l'eau dans les maladies chroniques: il n'eſt pas de Praticien attentif, qui ne ſoit dans le cas d'avouer les obligations infinies qu'il a à ce remede ſimple, fourni par la nature: ſon action augmente encore par la chaleur qui lui eſt propre, ou communiquée; & quand il eſt employé à temps, il eſt, ſans contredit, le plus ſûr, & celui ſur lequel on peut le plus compter. Qu'on ne juge pas de ſes effets ultérieurs par la petite quantité de ſubſtances étrangeres que l'eau contient: *Car, outre qu'il peut y exiſter des particules ſi volatiles, ſi diviſées, ſi difficiles à ſaiſir ou à appercevoir, qu'il ſeroit injuſte de fixer les matieres contenues dans les eaux, ſeulement, à celles que l'analyſe y découvre;* c'eſt que l'ouvrage de la nature a toujours un degré de perfection, à laquelle nous ne pourrons jamais atteindre, quand nous y employerions les mêmes matieres. Il peut donc réſulter de très-grands effets d'un mêlange auſſi habilement concerté, & dont nous ne connoiſſons peut-être que la fuperficie, ou dont nous preffentons tout au plus l'ordre, fans en bien pénétrer les motifs, ni l'action réfultante.

Cette réflexion très-judicieufe confirme ce que j'ai avancé ci-devant : favoir, que les expériences analytiques, quelque fcrupuleufes qu'elles puiffent être, font prefque toujours infuffifantes pour déterminer au jufte la quantité de fubftances minérales contenues dans les Eaux, telles qu'elles foient, & qu'il eft plus fimple & plus naturel de s'en rapporter plus particulierement aux obfervations que l'expérience nous fournit fur ce fujet, comme on le fait à l'égard de tant d'autres.

Il eft encore dit dans l'article déjà cité, que *cependant l'expérience a fouvent prouvé qu'elles* (*les Eaux minérales de Saint-Amand*) *guérif-foient ou pallioient les éruptions dartreufes, les douleurs de rhumatifme, les articulations nou-vellement ankylofées, & relâchoient les anciennes cicatrices.*

Je prendrois volontiers la liberté de deman-der par quel moyen ces Eaux, qui, fuivant l'Auteur de l'article en queftion, ne contiennent aucune fubftance minérale, guériffent cepen-dant les éruptions dartreufes, &c. Je ne penfe pas que ce foit par une vertu putride, qui eft la feule qu'on veut bien leur accorder gratuite-ment : car fi cela étoit, il ne feroit pas fort né-ceffaire d'envoyer à Saint-Amand, ni ailleurs, les perfonnes attaquées de ces fortes de mala-dies ; on peut trouver des eaux marécageufes & putrides par-tout ; auffi eft-ce la réflexion toute naturelle que les perfonnes, à qui on les propofe, feroient dans le cas de faire : A quoi bon, pourroient-elles dire, m'expofer à faire un voyage, & au défagrément de prendre des eaux qui n'ont d'autres qualités que celles d'ê-tre puantes & putrides, tandis que j'en peux trouver de femblables par-tout ?

Il n'eft pas probable que, pour la guérifon des éruptions dartreufes & les douleurs de rhumatifme, on fe borne à l'application feule-ment extérieure des eaux ou des boues : les Praticiens, dans l'art de guérir, connoiffent trop bien le danger de cette méthode, qui ten-droit à répercuter l'humeur dartreufe, *&c.* ce qui cauferoit des maladies beaucoup plus fâcheufes que celles qu'on voudroit guérir par ce moyen. Lorfque ces fortes de malades arrivent à Saint-Amand, ils font préparés par les reme-des généraux, après lefquels on les met à l'ufage des eaux pour boiffon, & à leur application ex-térieure, foit par les bains, foit par les boues, felon qu'on le juge à propos, & que les cir-conftances l'exigent : ce traitement opere ef-fectivement la guérifon, & quelquefois il ne fait que pallier, fur-tout dans les cas d'ankylofe, de rhumatifme, de paralyfie, où une feule & premiere faifon ne fuffit pas toujours. On doit entendre par le mot *pallier,* une diminution de la maladie, ou pour mieux dire, un commencement de guérifon, qu'une feconde ou troifieme faifon doit rendre parfaite : cela dépend des progrès plus ou moins grands que la maladie peut avoir fait, ainſi que de beaucoup d'autres circonſtances.

Par quel moyen, dis-je, ces Eaux pourroient-elles donc opérer ces différentes guériſons que *l'expérience a ſouvent prouvé*, ſi ce
n'eſt par les ſubſtances minérales qu'elles contiennent, & qu'on ne peut ſans injuſtice leur
refuſer ? L'expérience eſt, en effet, au-deſſus
de tous les raiſonnemens, ſur-tout lorſqu'elle
eſt appuyée de démonſtrations phyſiques, ſur
l'exiſtence des cauſes efficientes. C'eſt auſſi à
elle à qui j'en appelle ; c'eſt pourquoi je me
propoſe de la faire parler pour ſa propre juſtification.

Ces cauſes efficientes ſont certainement les
ſubſtances minérales contenues dans les Eaux
de Saint-Amand, leſquelles, par le moyen de
leur véhicule, agiſſent ſur les parties affectées ;
elles agiſſent également ſur les fluides comme
ſur les ſolides : & ce qu'il y a d'admirable dans
leurs effets, c'eſt qu'elles relâchent lorſqu'il y a
trop de rigidité dans les parties, & qu'elles raf-
fermiſſent & rendent l'oſcillation à celles qui
ſont trop relâchées ou dans l'inertie ; elles mo-
derent le flux trop exceſſif des évacuations, &
procurent & rétabliſſent celles qui ſont ſuppri-
mées ; en un mot, elles rempliſſent preſque
toujours efficacement les indications. Or, ce
ne peut être que les ſubſtances minérales, ſul-
phureuſes, ſéléniteuſes, & autres que l'analyſe y
a démontrées, qui opérent ces choſes merveilleuſes, jointes à d'autres ſubſtances, dont la
combinaiſon les rendent auſſi efficaces dans une
circonſtance que dans une autre oppoſée ;

fubftances qui n'ont pu être foumifes aux expériences de l'analyfe la plus fcrupuleufe, comme
le dit fort bien M. Richard : *Car il peut y exif-*
ter des particules fi volatiles , fi divifées , fi
difficiles à faifir ou à appercevoir, qu'il feroit
injufte de fixer les matieres contenues dans les
Eaux feulement , à celles que l'analyfe y dé-
couvre.

J'aurois une infinité d'exemples à citer , qui
prouveroient qu'il ne faut pas toujours une
grande quantité d'une fubftance quelconque ,
pour opérer les effets les plus prompts & les
plus merveilleux : je n'en rapporterai qu'un ;
le voici :

Tout le monde connoît préfentement les
propriétés du fublimé-corrofif diffous dans
l'efprit de froment , pour le traitement des maladies vénériennes : on ne s'imagineroit jamais
que la petite quantité de mercure qui compofe
ce prétendu fpécifique, dût produire les effets
les plus prompts & les plus efficaces. Ce remede
eft compofé de douze grains de fublimé-corrofif, qu'on fait diffoudre dans deux livres d'efprit
de froment : or, dans ces douze grains de
fublimé-corrofif, il n'y a pas plus de fix ou
fept grains de mercure, à caufe de fon mêlange
avec le vitriol calciné à blancheur, & le fel
décrépité de chacun, parties égales : ces fix
ou fept grains de mercure, diffous dans deux
livres d'efprit de froment, compofent ce remede, dont on fait prendre au plus deux cuil-
lerées le matin, & autant le foir ; ce qui ne fait
peut-être pas un quart de grain par jour : l'ex-

périence prouve cependant combien ce mêlange combiné eſt actif. Si l'art peut, comme
il le fait, effectuer cette combinaiſon par le
mélange de certaines ſubſtances avec d'autres ;
à plus forte raiſon la nature, dont les plus habiles Chymiſtes ne ſont tout-au-plus que les
imitateurs, parviendra-t-elle à nous en procurer de plus parfaite.

Si les Boues de Saint-Amand ſont capables
de procurer la guériſon des maladies énoncées
dans l'article en queſtion, ce ne peut certainement point être par une qualité putride qu'on
leur donne mal-à-propos : ces Boues ſont continuellement humectées par les Eaux des Fontaines, qui y dépoſent les ſubſtances minérales
qu'elles contiennent, & leur communiquent
cette chaleur ſi propre à opérer les effets merveilleux dont on a tant d'exemples, & qu'on
ne peut, ſans injuſtice, révoquer en doute.

On trouve encore dans cet article, que *leur
uſage intérieure* (des Eaux de Saint-Amand)
*ne produit pas de grands effets, & qu'il n'y a
que l'application des Boues & des Bains qui
opère ces différentes guériſons.*

Il eſt au contraire démontré par la pratique
& l'expérience la plus conſtante, que l'uſage
intérieur de ces Eaux eſt au moins auſſi efficace
dans la guériſon des maladies internes pour leſquelles on les emploie, que les Bains & les
Boues le font dans les maladies externes ; &
que cet uſage eſt même très-ſouvent néceſſaire
pour perfectionner la guériſon de celles-ci, ſur-
tout lorſque ces infirmités ont acquis un certain
degré

degré d'intenfité , & qu'il convient de rendre
aux fluides les qualités intégrantes qu'ils ont
perdu.

Je ne crois pas que les Eaux minérales de
Saint-Amand , non plus que d'autres , puiffent
être un remede univerfel propre à guérir toutes
fortes de maladies : je fuis feulement perfuadé
qu'il en eft peu du genre des chroniques qu'elles
n'aient la propriété de guérir , ou au moins de
rendre fupportables , en diminuant l'effet de la
caufe , pourvu d'ailleurs que le Sujet foit bien
difpofé , & que le mal n'ait pas fait des progrès,
contre lefquels il n'y a plus de reffource.

La réputation des Auteurs qui ont écrit fur
ces Eaux , eft trop bien établie , pour qu'on
puiffe douter un inftant de la fincérité de leur
expofé : celui de M. Defmilleville , dans le
quatrieme Chapitre de fon Effai hiftorique &
analytique fur les Eaux de Saint-Amand , m'a
paru le plus propre à convaincre & à raffurer le
Public fur la nature & les propriétés de ces
Eaux , & lui faire connoître que non-feulement
elles guériffent les éruptions dartreufes , les dou-
leurs de rhumatifme , les articulations nouvelle-
ment ankylofées , & relâchent les anciennes cica-
trices , mais qu'elles guériffent encore une infinité de maladies chroniques par leurs effets
intérieurs.

M. Defmilleville, dans le premier & le fecond
Chapitre de fon Effai hiftorique & analytique,
dont je me difpenferai de faire l'extrait ; après
avoir parlé de la découverte des Eaux minérales de Saint-Amand & de leurs effets, de la

D

distinction & construction des Fontaines, & de la nature de leurs Eaux, rapporte, dans son troisieme Chapitre, les expériences analytiques qu'on a vu ci-devant; après quoi, il passe aux vertus spécifiques de ces Eaux.

« Il s'agit maintenant, dit M. Desmilleville, de parler des vertus reconnues des Eaux de Saint-Amand, constatées chaque année par les faits, depuis la cure de l'Archiduc Léopold, qui sûrement n'avoit été tentée que sur d'autres expériences antérieures. M. Héroguelle, dans son Traité, vante ces Eaux comme une panacée universelle, propre à la guérison de tous les maux indistinctement, dont il donne une liste assez longue. M. Brisseau, observateur contemporain d'Héroguelle, parle de leurs vertus avec moins d'enthousiasme, mais avec plus de connoissance & de méthode : il distingue les causes des maladies auxquelles elles conviennent, en faisant l'énumération des effets ou des accidens qu'elles emportent, après la cause une fois ôtée. Dans sa premiere Lettre à M. Fagon en 1697, sur les premiers succès confirmés par l'expérience, il s'explique ainsi :

· « Les maladies qui ont fait le plus d'honneur aux Eaux de Saint-Amand, ont été les cachexies, les hydropisies, même les jaunisses, les coliques obstinées, les migraines, les vertiges, les longs rhumatismes, & autres indispositions causées par obstructions, ou par la salure ou l'acrimonie du sang & de la lymphe. Ce qui a le plus surpris, c'est qu'elles ont souvent guérit deux maladies toutes contraires,

Le fexe y a trouvé deux fecours oppofés pour le défaut & l'excès de fes purgations : elles lâchent le ventre, & en font ceffer les flux invétérés. Tous les Buveurs y ont une faim admirable, & j'y ai guéri des faims canines. Les graveleux, qui font fort communs en ce pays, y courent en foule, & s'en louent fort. Je n'en ai pas vu un feul qui, ayant paffé par toutes les autres Eaux, ne dife plus de bien de celles-ci. La raifon qu'on en peut donner, c'eft qu'étant fort douces, elles coulent & débarraffent les conduits des reins, fans les irriter ; c'eft, par la même raifon, qu'elles font utiles aux autres affections des reins & de la veffie. Les eftomacs languiffans y retrouvent leur appétit : ceux qui en boivent par excès, n'en font pas plus chargés : ceux à qui elles ouvrent le ventre, font quafi fûrs de leur guérifon ». Enfin cet Auteur, parlant de M. Briffeau, obferve très-prudemment que fi ces Eaux n'ont pas les hautes vertus de celles d'Aix & de Spa, au moins n'expofent-elles pas les malades aux mêmes révolutions & aux mêmes inconvéniens.

« Dans une feconde lettre du 23 Juillet, adreffée au même, où ce Médecin entre dans un détail phyfique & circonftancié des principes de ces Eaux, il marque :

« Je ne peux guere ajouter à ce que je vous ai dit, des maladies auxquelles ces eaux conviennent. C'eft fur-tout à celles du bas-ventre, & aux autres qui en dépendent, pourvû que ces maladies ne foient pas les fuites d'un long excès de vin ou d'eau-de-vie ».

« Après avoir détaillé plusieurs maladies particulieres, tant des solides que des liquides, & celles du poumon où elles conviennent, cet Auteur commence à laisser entrevoir leurs vertus pour la guérison du virus vénérien. Au moins admet-il qu'elles guérissent le plus souvent les vieilles gonorrhées où la cause est détruite ».

« Une troisieme lettre enfin, que M^r. Brisseau écrit à un Médecin de ses amis, du 25 Juillet 1701, entre dans un détail de guérisons très-intéressantes. Il confirme le mérite spécifique des Eaux de Saint-Amand pour les maladies symptomatiques de la tête & celles du poumon, causées par obstructions, ou par l'acrimonie des humeurs. On sait que ces dernieres sont communes par leurs causes avec celles de la peau. Il les reconnoît encore salutaires pour l'estomac, & particuliérement bonnes pour les obstructions des visceres du bas-ventre. Il rappelle même par des faits surprenans, l'avantage qu'elles ont journellement au-dessus de toutes les autres eaux minérales, pour la guérison des maladies des reins & de la vessie ; le tout par des exemples d'expulsions de gravier, pierres, ou glaires amassés dans ces parties, à la suppuration desquelles il les reconnoît aussi un puissant remede : enfin, dit ce Médecin, il y a plusieurs autres maladies chroniques & considérables, qu'on nomme universelles ou indéterminées, à cause qu'elles n'ont point de relation particuliere avec les visceres,

mais qu'elles font dépendantes de la falure vicieufe du fang ; telles font les rhumatifmes, le
fcorbut, la vérole, les dartres & toutes les
affeƈtions de la peau, provenans de caufe in-
terne, où ces Eaux ont donné des preuves
particulieres de leurs vertus, & même jufqu'au
piffement de fang ».

« Il ne s'enfuit pourtant pas qu'elles foient
également bonnes à toutes les maladies chroniques : il y en a qu'elles guériffent mieux les
unes que les autres, & un très-petit nombre,
que je détaillerai plus bas, à qui elles ne conviennent point, & c'eft ce qui s'eft fait connoître par l'expérience, bien plus que par le raifonnement ».

« Tout ce que je viens de dire (c'eft toujours Mr. Defmilleville qui parle,) des vertus
& des propriétés des Eaux de Saint-Amand,
regarde feulement celles de la Fontaine Bouillon. Les mêmes chofes fe trouvent confirmées
par les obfervations confignées dans le Traité
de Mr. Mignot, en 1700, & encore plus dans
celui de Braffard, en 1714. Dans ce temps les
Auteurs, excepté ce dernier, ne connoiffoient
pas les Eaux de la Fontaine de l'Evêque d'Arras, qui font bien plus aƈtives que les premieres,
mais qui demandent auffi plus de ménagement
& de prudence dans leur ufage ; c'eft aux malades, qui fe rendent fur les lieux dans le deffein
de les prendre, à confulter le Médecin qu'une
fage expérience aura inftruit de leurs effets,
pour s'affurer fi cette Eau convient à la nature
de leur maladie & de leur tempérament. Je

dois rapporter encore ce qu'en dit Braffard.
« Le fel de la petite Fontaine de l'Evêque, eft
embryonnée de couleur verdâtre, un peu
âcre ; & quand on le met fur une platine de fer
rougie, il rend une odeur puante, & devient
grifâtre, de même que les fels fulphureux ».

Cette Eau eft bonne pour les maladies du
bas-ventre, & ne convient pas aux affections
de poitrine, ni aux tempéramens délicats : elle
eft plus forte en odeur & en goût, & plus
pefante que celle des autres fources : elle jaunit
l'argent en très-peu de temps ; elle noircit,
comme fait la poudre à canon ».

» Comme Mrs. Goffe & Bouquié parlent
en général dans leurs obfervations, de l'effet
des Eaux des trois Fontaines, en reconnoiffant
cependant que celle de l'Evêque eft plus pur-
gative, je les rappellerai après celles de Mrs.
Héroguelle, Mignot & Braffard, & même de
Pythois, auteur qui n'a donné que ce Journal
des cures dues à l'ufage de ces Eaux en 1700 ».

« Héroguelle rapporte en fon Traité, deux
cures particulieres opérées par l'ufage des Eaux
de Bouillon. L'une eft une fuppreffion des
lochies, accompagnée de fievre lente & tenfion
du bas-ventre, où il faifoit prendre ces Eaux
en boiffon, & s'en fervoit en injection dans la
matrice. L'autre eft d'une veuve hyftérique,
graveleufe, épileptique, cachectique & fourde,
guérie par les mêmes Eaux, qu'on lui injec-
toit auffi dans les oreilles. Ce Médecin ajoute
trois cures remarquables de paralyfie, quatre
d'afthme, tant fec qu'humide, autant de coli-

ques néphrétiques & graveleufes ; enfin plufieurs de vérole, fcorbut, dartres opiniâtres,
felon lui lêpres ; d'hydropifie, goutte & dyffenterie ».

« Mignot, en citant les noms dans fon ouvrage, annonce la guérifon d'une malade atta-
quée de vertiges, quatre de jauniffes, deux
d'abcès au bas-ventre & dans les voies urinaires, fix de coliques néphrétiques, graveleufes & glaireufes, douze de gonorrhées, une
de vérole bien confirmée, quatre d'hydropifies,
trois de rhumatifmes violens, avec paralyfie
ou roidiffement de membre. Ce Médecin parle
de l'adjonction des bains & des boues qui com-
mençoient à être en ufage avec celui des Eaux ;
& il fait un grand éloge des dernieres pour les
maladies de la peau ».

« Pythois nous cite des guérifons de vomiffemens habituels, d'athfmes tant fecs qu'humi-
des, de plufieurs dyffenteries, cours-de-ventre
opiniâtres, piffemens de fang, & quatorze
graveleux qui ont rendu des fragmens, & des
pierres même très - confidérables ; quarante
guérifons au moins de rhumatifmes, où il s'étoit
joint, du moins dans quelques-uns, de la paralyfie aux membres affectés ; quatre véroles
bien caractérifées ; enfin, des fuppreffions de
régles, comme de flux immodérés, &c. »

« M. Braffard, par la longue pratique qu'il
a eue de ces Eaux, ne laiffe rien à décider dans
les Obfervations qu'il rapporte en fon Traité
de 1714. Parmi les cures qui ont été opérées,
il cite comme plus remarquables & bien atteſ-

tées, entr'autres, une guérifon de vertiges,
cinq d'athfmes, quatre d'obftructions au foie,
à la rate & à d'autres vifceres du bas-ventre ;
deux de vomiffemens & jauniffes, deux d'hydropifie, huit d'abcès des reins, de la veffie &
du bas-ventre, & une de la matrice ; trois de
fuppreffions ou d'excès du flux menftruel &
hémorroïdal ; trois de coliques opiniâtres, deux
de flux de ventre & de dyffenterie, deux
de conftipations extraordinaires, deux de faims
canines, vingt-fept de coliques néphrétiques :
de plus, la guérifon de quantité de graveleux,
parmi lefquels il compte plufieurs perfonnes
notables de différens fexes, qui, comme nous
le voyons arriver aujourd'hui, ont rendu des
pierres & des fragmens confidérables de ces
corps étrangers. Entr'autres perfonnes diftin-
guées, il nomme M. le Maréchal Duc de Ven-
dôme, le Maréchal de Montefquiou, & beaucoup d'autres Seigneurs françois & étrangers.
Il rapporte auffi la guérifon de plufieurs affections hyftériques & hypocondriaques, & de
fleurs blanches ; une de flux immodéré d'urine,
dix de rhumatifmes & de fciatiques ; quatre de
véroles, fept de gonorrhées, dont trois avec
carnofites, & fept de dartres des plus obftinées.
Ce Médecin n'oublie pas, non plus que fes
prédéceffeurs, la ftérilité contre laquelle l'ufage
de nos Eaux & des Boues a montré leurs vertus.
Enfin, il annonce auffi leur efficacité pour la guérifon des affections vaporeufes des deux fexes».

« Mrs Goffe & Bouquié, dans leur Traité
de 1750, confirment les obfervations par des

faits que ces autres Médecins ont rapportés, & reconnoissent le mérite & la vertu de nos Eaux pour la guérison des maladies citées. Le premier y ajoute d'autres faits relatifs aux sui-vantes ; comme pour l'expulsion des vers, même du ver solitaire ; pour la guérison & le préservatif des apoplexies humorales & pitui-teuses, des fluxions opiniâtres aux yeux, des vapeurs hystériques & hypocondriaques, & des fleurs blanches. De plus, il assure que ces Eaux sont admirables pour faire déclarer le virus vénérien, & pour la guérison des gonor-rhées simples & virulentes, ainsi que pour les érésipelles périodiques, &c. »

« Bouquié, dans son Essai Physique sur ces Eaux, rapporte aussi des guérisons de mem-bres estropiés par l'effet d'un violent rhuma-tisme ; de coliques hépatiques, avec expulsion de pierres biliaires ; de gonorrhées simples & virulentes, & de spermatocelles. Cet Auteur, avec Mrs Mignot & Braffard, vante encore la vertu de ces Eaux pour prévenir les rechûtes des coliques de Poitou, & pour remédier aux accidens fâcheux qui suivent cette cruelle ma-ladie ».

« Voilà sans doute beaucoup de maux aux-quels les Sources précieuses de Saint-Amand sont utiles, & plusieurs où elles sont spécifi-ques, comme à ceux des reins, de la vessie & de la peau, &c. Il sembleroit même que les vertus presque générales qu'on attribue à ces remedes, devroient en diminuer la confiance ; mais je peux assurer que, depuis 1760 que je

fréquente chaque année les Eaux de Saint-
Amand, j'ai vu avec admiration quantité de
cures opérées par leur ufage, femblables à
celles que ces Auteurs ont défignées. J'ajoute-
rai même que deux de mes malades y ont été
guéris des fuites fâcheufes dépanchemens de
lait ».

« La vertu de ces Eaux pour l'extinction ou
l'épuration du virus vénérien, paroît avoir
occupé beaucoup nos deux derniers Auteurs.
Il femble affez inutile jufqu'à préfent de tenter
à mettre aucun remede en comparaifon avec
le mercure, pour la guérifon de cette affreufe
maladie : cependant on ne fauroit ôter à ces
Eaux l'honneur de l'avoir quelquefois extirpé ;
& ces deux Obfervateurs ont vu, par leur
effet, difparoître entierement les fymptômes
véroliques. M. Goffe cite même un refte de ce
virus manifefte, qui avoit échappé à l'ufage
du mercure, réveillé & guéri par celui des
Eaux ».

« Quoique je ne veuille point les préconifer
comme fpécifiques à cette maladie, je dois
pourtant informer les Gens de l'Art & le Public, qu'on a reconnu à ces Eaux une qualité
propre à faire déclarer les foupçons de vérole,
à détruire les vieux reliquats de ce mal, enfin
à remédier aux accidens qui font trop fouvent
la fuite de l'ufage ou de l'abus du mercure ».

« Je rapporterai encore avec plaifir ce qu'en
dit M. Briffeau dans fa troifieme Lettre à un
Médecin : » Je fouhaiterois qu'elles fuffent auffi
fûres qu'on le dit, pour la vérole ; c'est déjà

un avantage confidérable qu'elles n'y foient pas
contraires, comme plufieurs autres Eaux minérales, d'où l'on chaffe les gens foupçonnés de
ce mal : mais je puis affurer qu'elles ont beaucoup plus que cela. Il eft de fait que des véroles anciennes y ont été guéries ; ce qui,
joint à ce qu'elles excitent quelquefois une petite falivation, a fait dire à des Médecins,
qu'elles participent du mercure. (*Et plus bas*) :
Mais vous ne devez pas manquer de nous envoyer ceux qui, après l'ufage du mercure,
demeurent long-temps dans un état doulou-
reux, ou qui ont des accidens équivoques,
entre la vérole & le fcorbut, & de les ordon-
ner pour tout ce qu'on appelle vieux reftes des
fautes de la jeuneffe ».

« Les qualités de nos Eaux fpécifiées par ce
Médecin, ne regardent que la Source de la
Fontaine *Bouillon* : mais fi celles-là font bonnes
feules contre cette maladie fâcheufe, combien
leur mérite n'eft-il pas plus grand, fi on les
joint à celles de la Fontaine d'*Arras* ? Car
celles-ci, felon toutes les épreuves, font encore plus chargées de principes, & bien plus
efficaces ; & c'eft ce qui pourroit avoir donné
lieu de changer l'ancien nom de cette Fontaine,
en celui de *Fontaine de la vérité*, titre hono-
rable que lui ont acquis les guérifons d'un grand
nombre de perfonnes. Ajoutons à tout ceci,
l'utilité reconnue de l'ufage des Boues ».

« Comme mon but eft de perfuader princi-
palement par les faits, j'en rappellerai encore
quelques-uns qui ne permettront plus de dou-

ter de la bonté de ces Eaux, contre les suites
d'une maladie malheureusement trop commune & si funeste à l'espece humaine. Leur
qualité est certainement propre à faire déclarer
le virus vénérien dans les malades chez qui il
n'offre aucune marque évidente de son exis-
tence. Il n'est pas d'année où M. Gosse, médecin de l'Hôpital militaire aux Eaux, ne m'ait
convaincu de ce fait, par l'expérience des Soldats de nos garnisons, que nous y envoyons
pour des douleurs articulaires & rhumatismales. Ce Médecin, ainsi que ses prédécesseurs,
rapporte des exemples très-frappans de plusieurs guérisons obtenues par l'usage de ces
Eaux, ensuite du mercure employé pour la
vérole. Les malades qui les prenoient, étoient
tourmentés de douleurs beaucoup plus violentes que celles qu'ils avoient ressenties avant
le traitement de la maladie. Il cite entr'autres
un Tambour du Régiment de Clare, qui avoit
essuyé onze frictions, sans donner aucune salivation, ni sans doute d'autres évacuations particulieres. Cet homme commença l'usage des
Eaux dans un état horrible de souffrance, &
dans le plus grand danger : la salivation s'établit
aux cinquieme & sixieme jours, & continua :
le douzieme, le mercure transpiroit par la peau
à l'endroit des glandes axillaires, où ce Médecin dit avoir ramassé quinze à vingt grains de
mercure par jour, pendant le cours d'une se-
maine, & cela en présence de témoins ».

« De mon côté, j'assurerai qu'un de mes
malades, ayant failli d'être la victime de quatre
traitemens

traitemens prefque confécutifs, dont le premier auroit dû l'avoir guéri, fe trouvoit encore auffi tourmenté qu'auparavant, d'infom-
nies & de douleurs affreufes. Il s'étoit enfin
déterminé à avoir recours au même remede,
pour la cinquieme fois ; je l'engageai, au contraire, à fe rendre aux Eaux : il les prit avec
fuccès, & vuida, par la falivation & d'autres
évacuations abondantes, le mercure qui l'in-
commodoit tant ».

« J'ai paffé peut-être les bornes d'un précis
fimple que je voulois donner au Public fur les
qualités & vertus des Eaux minérales de Saint-
Amand ; mais j'ai penfé que ceux qui pour-
roient avoir befoin de leur ufage, me fauroient
gré de ces détails, puifque tout malade defire
plutôt des faits que des raifonnemens ».

Voilà ce que M. Defmilleville dit des Eaux
de Saint-Amand, qu'il connoît parfaitement.
Et qui pourroit les connoître mieux que lui ?
Cependant il appuye fon raifonnement, non-
feulement fur fes obfervations particulieres,
mais encore fur celles des Auteurs qui en ont
écrit avant lui. Je fuis bien perfuadé que lorfqu'il a donné fon Effai hiftorique & analytique,
il étoit bien éloigné de croire que ces Eaux
auroient befoin d'une apologie. Il me vient une
réflexion bien naturelle : il me femble qu'on
auroit dû, avant que de décider comme on l'a
fait fur la nature de ces Eaux, confulter les
Médecins qui font en état d'en juger, tels que
ceux qui font employés dans leur adminiftration, & particulierement M. Defmilleville qui

E

ci-devant en avoit l'intendance, & qui par conféquent ne doit rien avoir négligé pour en avoir une entiere & parfaite connoiſſance. Son Eſſai hiſtorique & analytique eſt ſi intéreſſant par les lumieres qu'il répand ſur la nature & les effets admirables de ces Eaux minérales, que je regrette de ne pouvoir en donner l'extrait en entier. Mais je crois avoir prouvé que ces Eaux non-ſeulement ne font point putrides, mais qu'elles ſont, au contraire, vraiment minérales.

Je deſirerois auſſi de pouvoir rapporter toutes les cures merveilleuſes qui ſe font opérées par l'uſage des Eaux minérales de Saint-Amand, & qui ſe trouvent dans les Journaux qu'on a ſoin de conſerver chaque année, pour la ſatisfaction de ceux qui font chargés de les adminiſtrer, & en même temps pour ſatisfaire la curioſité du Public : mais elles font en ſi grand nombre, qu'elles formeroient elles ſeules un volume trop conſidérable. Je me bornerai à en rapporter quelques-unes de celles qui m'ont paru les plus intéreſſantes & les plus analogues au projet que j'ai formé de prouver efficacement, que non-ſeulement les effets de ces Eaux ne ſe bornent pas à la guériſon des ſeules maladies énoncées dans l'article qui donne lieu à cette apologie, mais que priſes intérieurement elles opérent des guériſons ſi extraordinaires, qu'on feroit tenté de leur accorder le titre de remede univerſel. Ce que j'en ai déjà dit juſqu'ici, ſuffiroit en quelque ſorte pour aſſurer à ces Eaux une victoire complette ; mais les observations suivantes, acheveront de convaincre, que les Eaux minérales de Saint-Amand peuvent au moins jouir du droit de rivalité avec celles de Bourbonne, Barége, Digne, &c. Il est prouvé que si elles sont moins actives que celles de Spa, d'Aix, elles sont aussi moins sujettes aux inconvéniens fâcheux qui peuvent résulter d'un usage mal concerté ; & ce n'est point un mal : au contraire, un remede dont on doit faire un long usage, ne doit pas être trop actif.

J'ai déjà rapporté parmi les cures opérées par les Eaux de Saint-Amand, celles qui ont paru les plus intéressantes jusqu'en l'année 1766. Je vais maintenant exposer sous les yeux du Lecteur, celles qui ont fait le plus d'honneur à ces Eaux, depuis cette époque jusqu'en 1771 inclusivement. Voici ce que dit M^r. Desmilleville :

« M. Gosse a bien voulu me communiquer ses observations à l'égard des cures principales opérées à l'hôpital militaire de Saint-Amand, pendant l'année 1766, par l'usage des Bains, des Eaux & Boues minérales : elles sont intéressantes & curieuses. Parmi les plus remarquables, il cite dix-huit Soldats par nom, compagnie & régiment, qui ont été guéris de paralysie, roidissement ou foiblesse de membres, occasionnés par ce qu'on appelle *humeurs rhumatismales* : trois autres qui étoient venus aux Eaux pour de prétendues douleurs de cette nature, au lieu de la vérole qui se déclara chez eux par l'apparition des symptômes les plus

décififs. Ce même virus concentré, avoit rendu
un de ces malades presque hémiplégique. La
guérifon de quatre dartreux qui avoient éprouvés dans les hôpitaux les remedes les mieux
indiqués pour cette maladie, auffi rebelle que
défagréable. Il compte encore quatre autres.
Soldats attaqués d'obftructions & d'embarras
aux vifceres du bas-ventre; & un cinquieme
avec œdêmes aux extrémités inférieures: enfin
un autre attaqué d'un ulcere au col de la veffie.
Celui-ci avoit reçu beaucoup de foulagement
de nos remedes en 1765; il en obtint une
guérifon entiere en 1766. Ce Médecin termine
fes obfervations par la guérifon d'une foibleffe
& douleur de poitrine, & par celle d'une difficulté d'uriner: par le foulagement de deux
Soldats attaqués de douleurs & foibleffes de
membres, après des chûtes; & par celui de
deux Soldats paralytiques, dont un mérite une
note particuliere. Celui-ci étoit devenu fubi-
tement paralyfé des extrémités inférieures, &
des mufcles qui fervent à la déglutition & à la
langue; en conféquence, il étoit muet: il paffa
en 1765, par ordre de la Cour, de l'Hôpital
militaire de Bergues, à celui de Lille en Flandre. Nous l'envoyâmes aux Fontaines de Saint-
Amand, où il refta pendant une partie de la
faifon des Eaux; en ayant fait ufage avec celui
des Bains & Boues, il recouvra la parole avec
un peu de fentiment & de chaleur aux extrémités inférieures du corps: il paffa l'hyver fuivant dans notre Hôpital militaire de Lille, en
confervant la voix, mais fans mouvement des

extrémités , & avec beaucoup de foiblesse dans les muscles des lombes. Pendant la saison des Eaux en 1766, on le renvoya au même remede , dont l'usage lui occasionnoit souvent de grandes révolutions ; ce qui l'empêchoit de rester long-temps dans les Boues. Malgré cela cet homme, à son retour à Lille où il est encore (en 1767) , se sentit très-fortifié des reins. Ses extrémités déparalysées devinrent roides & tendues. Enfin ce malade, qui se trouvoit presque réduit en l'état de cul-de-jatte, se promene seul aujourd'hui, à l'aide des béquilles ».

« Mr. de Goudeman , chirurgien-major du même Hôpital, m'a pareillement remis l'extrait des guérisons, que les Eaux & les Boues ont produites sous ses yeux sur les malades qui lui étoient confiés. Beaucoup de leurs maladies étoient externes, & par conséquent dans le cas du traitement des Boues. Parmi les cures les plus remarquables qu'il a observées, l'on compte celles de quatorze soldats, qui avoient été attaqués de douleurs , foiblesses, roidisse-mens de membres ensuite de chûtes , de blessures , fractures , & d'opérations. Un autre étoit venu aux Eaux pour des douleurs à la cuisse , après une chûte de cheval : l'usage des Eaux & des Boues fit déclarer chez lui des symptômes de vérole très-manifeste. Mr. de Goudeman ajoute à son Journal, aussi exact qu'intéressant, la guérison de quatre ophtalmies des plus re-belles. Mr. Desmilleville observe que, pendant la saison des Eaux de 1766, l'on y compta plus de deux cens Maîtres, & que rien ne

prouve mieux leur célébrité qu'un pareil
concours ».

Ce nombre de guérifons opérées par les
Eaux de Saint-Amand, & que je viens de
rapporter d'après M^r. Defmilleville, devroit
certainement bien fuffire pour ne laiffer aucun
doute fur l'efficacité reconnue de ces Eaux:
mais, comme les réparations & améliorations
qu'on a faites tant aux Fontaines qu'aux Boues
depuis 1764, ont exercé la critique mal-enten-
due de certaines gens, qui ont prétendu qu'elles devoient en diminuer les vertus, je crois
qu'il eft indifpenfable de faire obferver que ces
réparations & améliorations, bien loin de leur
avoir été nuifibles, ont au contraire ajouté un
degré de plus à leur efficacité, en rendant ces
Eaux plus falutaires, plus propres, & plus
commodes qu'elles n'étoient auparavant. Pour
prouver que leur efficacité eft au moins toujours la même, je rapporterai l'extrait de quelques cures des plus intéreffantes, opérées
par ces Eaux, & qui fe trouvent dans les
Journaux tenus à Saint-Amand des années depuis 1767 jufques & compris 1771: ces Journaux forment un volume *in-*12, & ne renfer-
ment cependant qu'une partie des obfervations
les plus frappantes, que je me difpenferai auffi
de rapporter toutes: Elles font rédigées par
M^r. Defmilleville, qui avertit que plufieurs
perfonnes de celles qui en font le fujet, ont
bien voulu permettre d'y être citées par leur
nom, & que d'autres ne l'ont pas jugé à
propos,

Le certificat suivant, qui a été remis à M^r. Desmilleville par la personne même qui en fait le sujet, & qui est une espece de mémoire détaillé avec l'exposé de la maladie, fera connoître tant l'état violent dans lequel s'est trouvé ce malade, que les secours prompts qu'il a reçus par l'efficacité des Eaux minérales de Saint-Amand.

« M^r. de Baudre, gentilhomme de Basse-Normandie, diocese de Bayeux, garde-du-corps du Roi, compagnie de M^r. le Prince de Tingry, étoit attaqué d'une scyatique depuis la hanche jusqu'au pied, qui l'avoit mis dans un état pitoyable depuis cinq ans, & dont il fut réduit aux béquilles pendant quinze mois, sans pouvoir rester une heure en même position (observez que c'est M^r. de Baudre qui parle). Il est arrivé aux Eaux de Saint-Amand le 12 de Juillet 1767; il en est parti le 5 Août radicalement guéri. Il se servoit parfaitement de sa jambe, & la remuoit en tous sens, comme si jamais il n'y eut eu de mal. Pour quoi il a signé ce certificat, & consenti qu'il fût imprimé. *Signé* DE BAUDRE ».

« M^r. De . . . (J'ai déjà prévenu que M^r. Desmilleville n'a point été autorisé à nommer toutes les personnes qui font le sujet de ses observations), tourmenté depuis plusieurs années d'un rhumatisme vague, qui tantôt attaquoit les extrémités supérieures, même les muscles qui servent à la respiration ; & d'autres fois les extrémités inférieures, au point de n'en pouvoir agir durant des mois entiers : après avoir fait ufage pendant trois femaines des Eaux, Bains & Boues de Saint-Amand, il en partit infiniment foulagé : il mande à M. Def-milleville, en Janvier 1768, que depuis ce temps-là il n'a éprouvé aucune attaque ni dou-leur. Le foie & l'eftomac, qui faifoient difficilement leurs fonctions, fe font rétablis, & qu'il n'en eft plus incommodé ; qu'il conferve beaucoup d'appétit & l'embonpoint qu'il avoit repris avec fa tranquillité ordinaire ».

On trouve dans ces Journaux, page 10 & fuivantes, deux ankylofes au genou, guéries par les bains & boues. Les obfervations en font très-intéreffantes, par le détail qu'en font les perfonnes mêmes qui en font le fujet dans leur certificat ; l'une eft du pere Placide, récollet du Couvent de Binch, & l'autre du frere Antoine Tabari, religieux Cordelier du Couvent de Rouen. Le premier a fait ufage de ce remede par les avis de M. Cambon, chirurgien de feue fon Alteffe Royale à Mons : Le fecond, par ordonnance de feu M. Le Cat : Tous les deux ont eu les mêmes fuccès heureux; fi ce n'a été de la premiere faifon, ç'a été de la feconde. Comme ces détails font fort étendus, on me difpenfera de les rapporter mot pour mot. Je m'étendrai davantage fur la cure fuivante ».

« M. le Comte de l'Eftang, officier de Marine, étoit réduit depuis près de huit ans à traîner douloureufement la cuiffe & la jambe gauche, fans pouvoir pofer le pied à terre, ni fouffrir qu'on les touchât, fans y éprouver

auſſi les plus vives douleurs. Ces parties tom-
boient même dans l'atthrophie, & la cuiſſe
ſur-tout étoit dans un état d'échimoſe conti-
nuelle : Voici l'expoſé de M^r. le Comte de
l'Eſtang, fait par lui-même ».

« Dans le combat que la frégate du Roi,
la Bellone, ſoutint le 21 Février 1759, ſous
les ordres de M. de Beauharnois, contre deux
frégates angloiſes, je fus bleſſé de deux coups de
canon, par l'un à la partie gauche des reins,
& par l'autre, à la cuiſſe & à la jambe du
même côté. Pluſieurs Chirurgiens habiles ju-
gerent les os des iles fracaſſés, le fémur fendu,
le faſcialata, le périoſte & le nerf ſciatique
déchirés. Les douleurs extrêmement violentes
que je ſouffrois, les déterminerent (après que
les plaies furent cicatriſées, voyant d'ailleurs
l'inutilité d'une quantité de remedes topiques),
à me conſeiller l'uſage des bains & douches de
Barége : j'y fus en 1760, 1761 & en 1764 :
j'obtins pour ſuccès la premiere fois, la réſo-
lution d'une ankyloſe au genou, & une ſorte
de liberté dans le mouvement des muſcles de
cette extrémité. Malgré cet avantage je fus
réduit à paſſer l'hyver dans le lit : ma jambe
ſe roidit, & je ne pus plus me mouvoir ſans le
ſecours de deux béquilles. Dans cette ſituation de douleurs continuelles & très-vives,
j'ai parcouru ſans ſoulagement la plus grande
partie des eaux minérales du Royaume, &
quelques-unes des pays étrangers. Déterminé
enfin à me faire couper la cuiſſe, on me con-
ſeilla les Boues de Saint-Amand, pour dernie-

re reſſource. J'y ſuis arrivé le 7 Juillet de cettē
année (1767). Ces bains firent augmenter
d'abord les douleurs juſqu'au point de les
rendre ſouvent inſupportables : je ne laiſſai pas
de me plonger chaque jour durant quatre &
cinq heures , & quelquefois neuf & dix heures.
Enfin, le 8 du mois d'Août , je ne ſentis plus
aucune douleur , & je commençai à poſer le
pied à terre , ce que je n'avois pu faire depuis
ſept ans & demi : il ne me reſtoit plus qu'une
foibleſſe extrême , qui s'eſt diſſipée chaque
jour : cette partie a repris de la nourriture depuis cette époque , & elle eſt aujourd'hui auſſi
forte que l'autre : elle s'allonge même au point
de me faire eſpérer dans peu un rétabliſſement
parfait. Donné à Lille , le 23 Septembre 1767.
Signé le Comte de l'Eſtang de Ry , Lieutenant
de Vaiſſeaux du Roi ».

J'ai déclaré que je ne rapporterois qu'une
partie des cures merveilleuſes & extraordinaires
opérées par les vertus ſpécifiques des Eaux de
Saint-Amand , inférées dans les Journaux con-
ſacrés à la curioſité du Public & à la conſerva-
tion de la vérité , ſur l'efficacité de ces Eaux.
Je le répéte : ſi je voulois les rapporter toutes,
& avec les circonſtances particulieres qui ont
précédé & accompagné les différentes guériſons , un volume ne ſuffiroit pas pour chaque
année.

Le ſujet de l'obſervation ſuivante , eſt une
paralyſie bien caractériſée à la ſuite d'une attaque furieuſe d'apoplexie , dont M. Bachelet ,
curé de la paroiſſe de Notre-Dame du Thil-

les-Beauvais, fut attaqué le 29 Juin 1766, laquelle paralyſie attaquoit les lombes & les extrémités inférieures, & a été guéri par les effets merveilleux des Eaux & Boues de Saint-Amand. Voici ce qu'en dit M. Bachelet lui-même :

« Le ſieur Bachelet, curé de la paroiſſe de Notre-Dame du Thil-les-Beauvais, âgé de 59 ans, eut une attaque le 23 Juin 1766, qui le réduiſit à l'état de pure automate. Après avoir épuiſé tous les ſecours de l'Art, on ſe décida à lui appliquer les véſicatoires tant au cou qu'au gras des jambes ; ce qui le rappella à la connoiſſance, dont on profita pour lui adminiſtrer les Sacremens. Il avoit été ſi dangereuſement malade, qu'on lui avoit déſigné un Succeſſeur, &c. Les ſuites de cette fâcheuſe attaque, furent une paralyſie ſur les lombes & les extrêmités inférieures, qui le retint au lit pendant un an, au bout duquel temps un de ſes amis lui fit part des cures admirables, dont il avoit été témoin dans de ſemblables circonſtances, par les Eaux minérales de Saint-Amand, dans un voyage qu'il y avoit fait. Ce récit détermina le Curé à en faire le voyage. Etant arrivé aux Sources le 31 Juillet 1767, il a commencé à prendre deux verres d'eau, le lendemain quatre, en continuant ainſi pendant trois ſemaines. Après trois bains & trois boues, il a marché avec deux bâtons, au grand étonnement de ceux qui l'avoient vu précédemment. A la ſixieme boue, il n'en portoit plus qu'un : aujourd'hui, 20 du courant, il pourroit s'en paſfer ; mais, plus par prudence que par besoin, il fait usage d'une canne. Un changement si soudain, qui fait l'admiration de tout le monde, donne aux infirmes l'espérance de jouir du même bonheur. Le Curé part le 22 du courant, pour rendre la ville de Beauvais témoin de sa guérison inattendue ; le soussigné auroit craint de manquer à la reconnoissance qu'il doit aux Eaux de Saint-Amand, s'il avoit laissé ignorer au Public le service qu'elles lui ont rendu. *Signé* Bachelet ».

M. Desmilleville rapporte dans son Journal de 1767, plusieurs guérisons toutes très-intéressantes, de graveleux & d'obstructions dans les visceres du bas-ventre : j'en rapporterai seulement une ou deux de chaque espece.

M. de * * * étoit, depuis plusieurs années, fatigué de coliques néphrétiques ; les attaques se terminoient d'ordinaire par une fonte graveleuse, dont les urines se trouvoient chargées. Ces accidens se répétoient souvent : mais à la fin, dans les intervalles de ces accès, le malade ressentoit encore des douleurs, tant aux reins qu'à la vessie, souvent même accompagnées de dysurie. On conseilla à M. de * * * les Eaux & Bains de Saint-Amand : il s'y rendit pendant la saison de 17... Il prit ces Eaux pendant quinze jours, sans éprouver d'abord d'autre avantage, qu'une plus grande liberté d'uriner. Pendant ce temps les Eaux, dont il buvoit chaque matin cinq, six & sept verres, le purgerent abondamment, sans préjudicier à l'appétit, ni aux digestions. Peu à peu, les selles cesserent

ferent d'elles-mêmes ; il s'apperçut que les
urines charioient avec elles une grande quantité de matieres graveleuſes. Dans le courant
des dix derniers jours qu'il reſta aux Fontaines,
il rendit, avec des douleurs aiguës, ſept à huit
pierres dures & raboteuſes, dont la moindre
étoit de la groſſeur d'une lentille ; & la plus
groſſe, de celle d'un pois. Le malade avoit
tiré le plus grand ſoulagement des Bains pendant le temps de cette ſaiſon. L'année ſuivante,
il revint aux Eaux, quoiqu'il eut paſſé l'hyver
ſans plus rien reſſentir : il les reprit néanmoins
avec la même exactitude ; & ſur la fin de l'u-
ſage qu'il en fit, il s'apperçut que ſes urines
dépoſoient encore quelques matieres glaireuſes.
Cette évacuation continua même quelque
temps après ſon départ des Fontaines, & il
jouit, depuis cette époque, de la plus parfaite
ſanté ».

M. Deſmilleville aſſure qu'il n'y a point de
perſonnes incommodées de graviers ou de
pierres aux reins, qui n'aient reçu du ſoulagement, ou trouvé leur guériſon complette, par
l'uſage des Eaux de Saint-Amand, prudem-
ment diſpenſées (je me ſers des mêmes expreſ-
ſions de M. Deſmilleville): il a obſervé que pluſieurs tempéramens ſemblent amaſſer ſans ceſſe
un fond de matieres propres à ſe pétrifier ; tels
ſont ceux de certains goutteux, graveleux, &c.
& qu'on voit auſſi ces Sujets aller aux Eaux pendant pluſieurs années de ſuite, pour s'y purger
de ces ſubſtances pierreuſes, qui, ſans ce ſecours, formeroient vraiſemblablement des
calculs.   E

« M. de * * * gentilhomme d'une ville de
Flandre, en fit une épreuve bien heureufe dans
un voyage qu'il fit aux Eaux de Saint-Amand
en 1766 : en les prenant, il rendit avec beaucoup de fatigues pluſieurs petites pierres, qui,
par leurs figures, ſembloient être les débris
d'un corps déjà formé en calcul, & dont la
veſſie n'auroit pu être débarraſſée que par l'o-
pération. Ce Monſieur, enchanté d'un moyen
ſi facile de ſe délivrer de ſes ſouffrances, & de
ſe garantir de l'accident dont il étoit menacé,
retourna aux Eaux en 1767 ; & en fut ſi ſatis-
fait, qu'il parut déterminé à y retourner chaque année, pour en profiter & s'aſſurer, par
ce moyen, d'une ſanté parfaite ».

Tout le monde ſçait que les obſtructions aux
viſceres du bas-ventre, ſont, la plûpart du
temps, l'*opprobre* de la Médecine : on ne trouve
point dans la Pharmacie, de remede auſſi efficace que les Eaux minérales de Saint-Amand,
dont les qualités fondantes & appéritives
opérent journellement les guériſons les plus
ſurprenantes. Celle que je vais rapporter, en
eſt une preuve.

« Le 14 Juin 1766, M. de Rocheneuve,
capitaine aux Grenadiers de France, ſe rendit
à Saint-Amand pour des obſtructions qu'il
avoit, depuis trois ans, aux glandes du mé-
ſentere. Après avoir employé, ſans aucun ſuccès, tous les remedes indiqués pour cette maladie ; après l'uſage des Eaux, Bains & Boues
l'eſpace de deux mois, il eſt retourné parfaitement guéri ; en foi de quoi, j'ai ſigné. *Signé*
Rocheneuve ».

On a compté pendant la derniere faifon de 1767 , deux cens vingt-neuf Maîtres qui ont fait ufage avec fuccès des Eaux, Bains & Boues, & dont la plûpart ont pris des logemens aux Fontaines, lefquels font extrêmement com‑ modes.

Extrait du Journal de 1768.

« M. *** officier au fervice de l'Impéra‑ trice-Reine , fut attaqué au mois de Mars der‑ nier (cette obfervation eft rapportée par le malade lui-même) confécutivement de deux éruptions œdemato - éréfipellateufes fur toute la furface du corps ; il en fuintoit une férofité purulente fétide très-abondante , avec déman‑ geaifon infupportable & infomnie. Le deffé‑ chement de cette fource, qui paroiffoit intarif‑ fable pendant un mois & plus , fut fuivi d'une croûte fort épaiffe , à laquelle fuccéda une dar‑ tre farineufe qui couvroit toute la peau, & qui rendoit le malade méconnoiffable à fes pro‑ pres amis. L'épiderme des mains & des pieds pouvoit fe détacher comme un gant : l'extré‑ mité des doigts étoit garnie de croûtes ulcérées & fort fenfibles ».

« C'eft dans cet état que le malade arriva aux Eaux de Saint-Amand le 14 Juin 1768 : dès la premiere lotion qu'il fit avec l'Eau de la petite Fontaine de l'Evêque d'Arras, qui eft en dehors, fon vifage s'eft décraffé d'une façon furprenante , ce que n'avoient pu faire ni les onctions des pommades defficatives , ni les lotions favonneufes , au point que le ma‑

lade étoit lui-même dans l'enthoufiafme, malgré le peu de foi qu'il avoit eue jufqu'alors à
cette piffine falutaire ».

« Les eaux, les bains, les boues, dans
l'efpace de quinze jours avoient nettoyé toute
la furface du corps, cicatrifé les ulceres de
l'extrémité des doigts, & diffipé l'œdématie,
en rétabliffant le reffort des fibres des extrémités ; quoique le mauvais temps qu'il a fait
dans cet intervalle, femblât s'oppofer à des fuccès auffi rapides. Ce qu'il y a d'étonnant, c'eft
que les ongles fe régénérent, & font placés à
de nouvelles ; tant aux pieds qu'aux mains.
Donné à Saint-Amand, le 26 Juillet 1768 ».

Rien ne prouve mieux l'efficacité de ces
Eaux, dans les cas où il eft néceffaire de procurer la dépuration des humeurs.

Un Récollet de la province de Flandre Au-
trichienne, dit M. Defmilleville, nous fournit
un exemple de guérifon affez remarquable,
pour mériter place en ce recueil. Un dépôt
critique lui étoit furvenu au genou droit après
une longue & dangereufe maladie. Cette tu-
meur ayant été diffipée par des réfolutifs, la
jambe devint en peu de temps fi gorgée, que
fa groffeur étoit énorme : la peau paroiffoit
enflammée & de couleur rouge-brun. Le malade étoit forcé à tenir le lit depuis quelque temps :
il n'en fortoit que pour fe traîner à l'aide de
béquilles. On l'apporta aux Fontaines de Saint-
Amand dans la faifon de 1768 ; rien ne me
parut plus effrayant que l'état de ce Religieux.
Sa jambe étoit menacée de gangrene : le corps

cacochyme & foible n'offroit guere de ref-
fources. Le malade étoit épuifé par les fouffrances & par la continuité des remedes depuis
trois mois : cependant encouragé par nos confeils, il commença l'ufage des eaux & des
bains. D'abord les eaux l'évacuerent abondamment ; les bains parurent auffi rendre la
partie affectée moins fenfible : il continua cet
ufage pendant plufieurs jours : il entretenoit
des évacuations légeres par les felles : l'enflure
diminua fenfiblement, & de maniere qu'au bout
de cinq à fix jours, il n'y eut prefque plus de
différence entre la jambe faine & la malade.
Ce fut alors qu'il plongea celle-ci pendant
plufieurs heures chaque jour dans les boues :
elles acheverent de diffiper l'œdême éréfipellateux de la jambe & du pied. Voici le certificat de ce Religieux.

« Je fouffigné frere Ifidore Rivart, Récollet de la province de Flandre, certifie qu'enfuite d'une maladie il m'eft furvenu une groffeur au genou, fans apparence d'aucun dépôt
fixé, laquelle M. Bucher, chirurgien de Chi-
mai, très-renommé, a diffoute par le moyen
de quelques liqueurs. Les humeurs font def-
cendues dans la jambe avec une telle violence,
que j'ai été obligé de tenir le lit pendant l'efpace de deux mois avec grande douleur, &
de marcher avec des béquilles. Ledit M.
Buchet ayant mis en ufage tout ce que fon
art exigeoit pour un pareil accident, favoir :
Applications de ventoufes, véficatoires, bains
aromatiques, & autres chofes, dont je ne

connois pas les effets; prévoyant qu'il ne
pouvoit pas venir à bout d'un mal si opiniâtre, m'a conseillé d'en faire consulte: elle a été
faite par M. Jaclart, médecin expert de la
ville de Mons; M. Griez, médecin de son
Alteffe Royale Madame la Duchesse de Lor-
raine, & par Mrs. Chenap & Antoine, tous
deux chirurgiens experts de la même ville. On
résolut de m'envoyer aux Boues de Saint-
Amand, où ayant usé des boues & des bains
pendant l'espace de dix-sept jours, j'en suis
parti sain & guéri, ne me restant qu'un peu
de foiblesse dans les parties qui avoient été
affoiblies par les mauvaises humeurs. Quant
aux Eaux, lorsque j'en buvois trois ou quatre
verrées, je trouvois autant de bénéfice qu'a-
près une bonne médecine: *Quâ de causâ tasti-*
ficor quæ suprà. De l'Hermitage, le 18 Janvier 1769.

On trouve dans le Journal de cette année,
(1768) par M. Desmilleville, quantité de
rhumatismes, de sciatiques, d'ankylofes, tant
imparfaites que formées, qui ont toutes été
guéries par l'usage des Eaux, Bains & Boues
de Saint-Amand, lesquelles je ne rapporte pas;
elles me meneroient trop loin: on peut d'ailleurs se satisfaire en lisant ces Journaux, où il
n'y a pas une seule cure qui ne soit très-inté-
ressante & curieuse. Je rapporte avec plaisir
celle d'un abcès fistuleux avec carie à l'os de
la cuisse, parce qu'elle prouve encore bien dé-
cidément les vertus fondantes & déterfives de
ces Eaux,

« Ignace Leplus, foldat dans les Gardes
Françoifes, compagnie de Mithon, fe fentit
incommodé, en 1764, d'une douleur au bas
de la feffe gauche : c'étoit un dépôt ou abcès,
qui fuppura à fon terme, & qui, à l'apparence,
fembla guéri pendant trois mois; cependant les
douleurs qu'il reffentoit encore lui annonçoient
qu'il ne l'étoit pas radicalement. En effet la
plaie fe r'ouvrit de temps en temps, pour donner iffue à la matiere purulente, & ce dépôt
donna naiffance à plufieurs autres, dont on fit
l'ouverture dans l'hôpital où il fe rendit. Cette
cure dura long-temps ; & le Chirurgien dé-
fefpérant de le guérir, le renvoya comme hors
d'état de fervir le Roi, en lui faifant donner
fon congé. Quatre mois s'étant écoulés dans
les fouffrances, Leplus fe rendit à l'hôpital de
la Charité, où il fut opéré. On ouvrit cet abcès fiftuleux, & plufieurs autres, qui fem-
bloient exiger des ouvertures & contre-ouver-
tures, pour parvenir à une cure radicale, mais
ce ne fut qu'en expofant le malade à diverfes
hémorragies, qui le mirent plufieurs fois à
deux doigts de la mort. Cet état fut fuivi d'une
impoffibilité de fe traîner fans l'aide des béquilles, & démaciation de la cuiffe & de la
jambe, avec un fentiment de douleurs & de
froid. Les moyens néceffaires ne réuffiffant
pas, on confeilla au malade de fe tranfporter
aux Eaux de Saint-Amand : il fe rendit à Lille
chez fes parens (1767), pour y attendre la faifon favorable. On fonda la fiftule, qui étoit
confidérable, & on apperçut que l'os étoit

carié, ce qui fut plus particuliérement démon‑
tré par des efquilles qui en fortirent depuis.
On employa les fecours ufités en pareil cas
jufqu'au temps des Eaux. Le malade y refta
un mois, & fe baigna réguliérement. Il ne but
pas les eaux, dans la crainte que leur activité
ne renouvellât les anciennes hémorragies. En‑
fin il revint à Lille, fentant plus de chaleur
dans la jambe. Huit mois après il fe vit en état
de faire le voyage de Paris à pied fans l'aide
des béquilles, & d'en revenir de même. La
cuiffe & la jambe fe font raffermies, & les
plaies fiftuleufes ont difparu fans apparence de
retours ».

« Non‑feulement, dit M. Defmilleville, la
vertu fouveraine des Eaux de Saint‑Amand,
comme on l'a déjà dit, eft de brifer, de fondre
& de charier les pierres & les graviers formés
dans les reins & la veffie ; mais elles ont encore
une autre propriété non moins effentielle, qui
eft celle de détruire jufqu'au germe des corps
étrangers, & d'effacer les moindres traces des
accidens qu'ils ont laiffés à ces vifceres : j'en‑
tends les fuppurations & ces amas glaireux qui
fubfiftent fouvent, même après les opérations
les plus heureufes de la taille. Pour prouver
cette affertion, on me permettra de rappeller
quelques obfervations des années précédentes,
d'autant mieux que les perfonnes qui en font
les fujets, jouiffent aujourd'hui de la meilleure
fanté ».

M. ... négociant de Lille, fut envoyé aux
Eaux de Saint‑Amand, par les confeils de M.

Planque, chirurgien-major de l'Hôpital militaire de cette ville, pour des pierres & graviers aux reins & dans la veffie, fans prefque aucun efpoir qu'il guériroit, tant le mal étoit invétéré. Le dix-huitieme jour qu'il fit ufage des Eaux, il rendit par les urines quatre-vingt-deux fragmens de pierres, avec un foulagement notable. Il y retourna une feconde fois ; il rendit encore une quantité de graviers, qui, avec les pierres qu'il avoit déjà jettées, pefoient huit gros & vingt-neuf grains ; & il fe trouva guéri ».

« M..... autre négociant & échevin de cette même ville (Lille), étoit tourmenté par des douleurs aiguës aux reins, fouvent accompagnées de vomiffemens. Il prit les Eaux & les Bains de Saint-Amand avec tant de fuccès, qu'ils le débarraffèrent entierement de fes pierres & graviers, n'en ayant plus reffenti depuis aucunes atteintes ».

M.... chanoine régulier d'une Maifon de France, étoit cruellement tourmenté de pierres aux reins & dans la veffie. Laffé d'avoir tenté en vain quantité de remedes, il vint chercher du fecours à Saint-Amand : il fouffrit un peu ; mais ces Eaux lui fauverent l'opération & peut-être la vie : il rendit aux Fontaines même des fragmens confidérables de pierres, & enfuite plufieurs gobelets d'une matiere argileufe & graveleufe. Depuis lors, il fe porte au mieux ».

« Plus de douze perfonnes qui ont fait ufage des Eaux & des Bains pendant la faifon de 1768 pour des coliques néphrétiques, ont été gué-

ries, ou au moins très-foulagées, par l'expul-
fion des graviers & des matieres glaireufes qui
les tourmentoient. Parmi ce nombre de malades, je ne dois pas omettre, dit M. Defmilleville, un fait qui s'eft paffé fous mes yeux ».

« M. de . . . chef de Police d'une ville de
Flandre, avoit effuyé plufieurs accès de colique
néphrétique, & n'avoit jamais rendu de graviers par les urines. Au printemps de cette année, il fe fentit fouvent attaqué de dyfurie; &
dans les douleurs, il rendoit des urines fangui-
nolentes. Ses Médecins l'envoyerent à Saint-
Amand. Les Eaux & les Bains lui firent d'abord
lâcher l'eau avec plus d'aifance; mais les douleurs qu'il éprouvoit, jointes au fang qu'il rendoit, faifoit foupçonner l'exiftence d'un corps
étranger dans la veffie. Je lui confeillai de vé-
rifier la chofe; & M. Chaftenet, habile Ly-
thotomifte à Lille, vint le fonder : il ne trouva
pas de pierre dans la veffie; mais il fentit que
l'algalie rencontroit & gratoit un corps étranger
qui fe trouvoit, à peu près, à l'orifice de cet
organe. Le malade continua l'ufage des mêmes
remedes pendant quelques jours : il fut très-
furpris un matin de rendre, fans beaucoup d'efforts, une pierre du volume d'une féve de
caffé : le calcul paroiffoit avoir été niché &
adhérent au col de la veffie. Dès ce moment,
le fang ne coula plus, & les douleurs cefferent
abfolument ».

« Louis-Grand-Charles Déroubaix, de
Comines en Flandre, âgé de vingt ans, étoit
au mois de Mai dernier 1768 à l'hôpital de

Comines, depuis dix mois : il y étoit entré presque agonisant ; mais les grands soins qu’en eurent les Religieuses, le rétablirent un peu. Une maladie de la vessie le tourmentoit nuit & jour : les douleurs étoient quelquefois si excessives, que le malade tomboit dans des convulsions redoutables : on l’avoit sondé, & la pierre avoit été reconnue : sa vie n’avoit été qu’un enchaînement de souffrances : il datoit l’époque de leur commencement, à peu de chose près, du moment de sa naissance : il y avoit eu néanmoins des intervalles de mieux ; mais enfin la nature avoit pliée sous le poids de tant de maux, & le tempérament s’étoit épuisé. Dans cette extrémité, l’opération paroissoit l’unique remede ; mais la mauvaise constitution du malade, en rendoit le succès fort douteux : cependant il falloit y avoir recours, puisqu’il n’y avoit point d’autre moyen à tenter. Une circonstance favorable procura ce secours à Déroubaix. M. Chastenet, chirurgien-aide-major des Hôpitaux militaires de Lille, fut demandé avec moi, dit M. Desmilleville, à Comines. M. l’Abbé d’Aulnois, & plusieurs Chanoines, confreres du malade pour lequel nous étions appellés, profiterent de cette occasion pour nous engager à voir ce malheureux. Nous le trouvâmes souffrant, pâle & affecté d’une bouffissure universelle : la sonde eut peine à parcourir une très-petite étendue de la cavité de la vessie, tant cette poche contenoit de calculs. M. Chastenet, à la priere de ces Messieurs & à la mienne, voulut bien se char-

ger de l'opérer ; ce qu'il exécuta le 3 de Juin
fuivant. Il tira, par le N°. 11 du Lythotome
du frere Côme, cinquante - deux pierres ou
fragmens ; & le malade, qui n'eut pas un feul
accès de fiévre, fut parfaitement guéri le qua-
torzieme jour après. Déroubaix étoit non-
feulement délivré de la pierre & des douleurs
atroces qu'elle lui caufoit, l'opération l'avoit
auffi guéri d'une incontinence d'urine ; incom-
modité auffi à charge, que l'autre étoit infupportable. Tant d'avantages le rempliffoient du
plus flatteur efpoir : mais il avoit une inquié-
tude trop bien fondée, pour qu'il pût fe livrer
à toute la joie que lui infpiroit fa fituation
actuelle. Il lui reftoit une douleur fourde aux
reins, & il rendoit des urines blanches qui,
chaque jour, dépofoient un fédiment purulent
& graveleux : en vain employa-t-on ce que
l'Art prefcrit en pareil cas, pour réparer le défordre des voies urinaires ; rien ne fut capable
de changer la nature vicieufe de cet excrément,
ni mettre fin aux graviers dont il étoit continuellement chargé. Une telle difpofition nous
fit craindre la réproduction de quelques nouveaux calculs, & elle nous fuggé a un fûr
moyen de l'éviter : ce fut d'envoyer le malade
aux Eaux de Saint-Amand. Je me chargeai
volontiers de ce foin. J'avois fuivi cette cure
avec trop d'attention, & je voyois avec trop
de plaifir les principales difficultés vaincues,
pour ne pas fouhaiter une guérifon parfaite.
Nos Eaux, fur lefquelles je comptois, me la
faifoient efpérer ; mais l'extrême mifere du
malade

malade ne lui permettoit pas de s'y rendre &
d'y subsister. Il fallut encore vaincre cet obsta-
cle, & je me hâtai d'en chercher les moyens :
je les trouvai bientôt : je recommandai Déroubaix à une personne de considération qui devoit
se rendre à Saint-Amand au commencement
d'Août, pour y travailler au rétablissement de
sa santé : je devois l'y suivre quelques jours
après, pour lui donner mes soins. Je n'eus
garde d'oublier les intérêts de mon protégé ».

« Déroubaix éprouva bientôt les bons effets
des Eaux : ils furent tels que je ne tardai pas à
m'appercevoir qu'il seroit radicalement guéri
en peu de temps. En effet les huit premiers
jours les urines charierent une grande quantité
de pus & de matieres sablonneuses : malgré cela
ses urines ne perdirent pas de leur blancheur.
Les reins se trouverent soulagés, & la vessie ne
parut pas fatiguée de cette abondante évacuation. Les jours suivans il y eut moins de sable
& de pus. Bientôt il n'y en eut plus du tout,
& au bout de trois semaines le malade fut aussi
parfaitement guéri que si jamais il n'avoit eu
ni pierre, ni sable, ni gravier. Pendant ce
temps l'appétit étoit extrême, & l'estomac di-
géroit au mieux ; ce qui étoit annoncé par un
embonpoint qu'on voyoit augmenter sensi-
blement : cet état s'est très-bien soutenu depuis,
ensorte que je le plaçai à la fin d'Octobre à
l'Abbaye de Loos, où il s'est acquitté des fonctions pénibles de domestique avec autant de
facilité que s'il n'avoit jamais été malade : il y
est encore, on peut le voir & s'assurer de la

G

vérité d'une cure qui fait autant d'honneur aux Eaux qu'à l'opération heureufe qui a délivré Déroubaix de la pierre ».

· « Le Fils du fieur Pionnier, maître en chirurgie à Lille, âgé de neuf ans, fut taillé de la pierre en 1766 par M. Chaftenet : l'opération avoit été fi heureufe, qu'en treize jours ce garçon avoit été guéri : mais la pierre hériffée d'afpérités très-aiguës, avoit produit plufieurs hémorragies de la veffie, & elle avoit laiffé aux parois de cet organe des points de fuppuration qui donnoient aux urines une purulence & une couleur fi trouble, que le Pere en étoit alarmé ».

Le petit Pionnier étoit délivré, & la plaie parfaitement cicatrifée, mais l'opération n'avoit pu remédier au défordre qu'un calcul auffi raboteux avoit caufé dans l'intérieur de la veffie. L'Opérateur confulté propofa les Eaux minérales de Saint-Amand. J'y vis amener le malade en 1767, & en moins de quinze jours les urines devinrent claires, & ne préfenterent plus la moindre purulence. Ce garçon continua cependant encore quelque temps d'ufer des eaux, pour mieux affurer fa guérifon ; après quoi il revint à Lille, où il jouit depuis lors d'une fanté parfaite ».

Si je me fuis plus étendu fur l'article des maladies du bas-ventre, des reins & de la veffie, ainfi que fur celles de la peau, c'eft parce qu'il eft effentiellement néceffaire de faire, dans ces maladies, ufage des eaux en boiffon, afin de procurer la dépuration des humeurs, l'expulſion des matieres graveleuſes, glaireuſes, & purulentes; & auſſi parce que les effets ſurprenans qu'elles ont produits ſur les ſujets qui en ont fait uſage avec tant de ſuccès, prouvent *à priori* leurs qualités inciſives, dépuratives, atténuantes, apéritives, fondantes, déterſives, *&c.* Ces obſervations prouvent également que c'eſt mal-à-propos qu'on a avancé que leur uſage intérieur ne produit pas de grands effets, & qu'il n'y a que l'application des boues & des bains qui opére ces différentes guériſons.

Mrs. Morand & Petit, docteurs en Médecine de Paris, envoyerent aux Eaux de Saint-Amand mademoiſelle Raby, américaine (depuis madame la Marquiſe de Choiſeul,) âgée alors (1768) de quinze ans : la nature lui avoit prodigué ſes bienfaits, & ſon éducation répondoit à une figure diſtinguée. Il auroit été fâcheux que tant de graces euſſent été la victime d'un accident malheureux : une fatale lancette, quoique dans la main d'un Chirurgien habile, avoit piqué la guaîne & le tendon du biſceps. Delà ſurvinrent tous les accidens fâcheux qui ſont la ſuite de la bleſſure des tendons. On y apporta tous les ſecours poſſibles, mais la jeune perſonne guérie des douleurs aiguës & du gonflement du bras, ne pouvoit cependant pas ſe ſervir de ce membre. L'avant-bras retiré & roidi étoit ſans mouvement. Le tendon dur & très-ſaillant, ſembloit former un lien inſurmontable qui ne permettoit plus l'extenſion : au ſurplus la partie

étoit encore douloureuſe, lorſqu'on la tou‐
choit. On avoit épuiſé toutes les reſſources
ordinaires pour la guériſon de cette maladie;
elles n'avoient point réuſſi : il étoit réſervé aux
Boues minérales de Saint-Amand d'opérer une
cure auſſi ſurprenante. Leur vertu, principa‐
lement pour les maladies des nerfs & des
tendons, eſt ſi connue de Mrs. Petit & Mo‐
rand, qu'ils ne manquent pas d'y avoir recours
dans toutes les occaſions où on leur confie des
maladies de ce genre. Mlle. Raby n'avoit
plongé ſon bras que cinq à ſix fois dans la boue
(pendant pluſieurs heures chaque fois, ayant
fait précéder une douche de vingt-cinq minu‐
tes), qu'elle en recouvra l'uſage parfait à l'é‐
tonnement & à l'admiration de la malade, de
madame ſa Mere préſente, & du Public. Le
bras malade ſe rétablit dans ſon état naturel,
au point de ne pouvoir reconnoître lequel des
deux avoit été affligé. Mlle. Raby continua
quelque temps l'uſage des boues & des dou‐
ches ».

　　Les Eaux de Saint-Amand ſervent à la dé‐
puration des humeurs; il n'eſt plus poſſible
d'en douter, après avoir bien réfléchi ſur leurs
effets dans les maladies dont je viens de rap‐
porter les obſervations. En voici encore une
qui vient fort à propos à l'appui des précé‐
dentes.

　　Madame De * * *, âgée de vingt-huit ans,
d'un tempérament admirable, née de parens
ſains, avoit eu un enfant également bien conſ‐
titué, deux ans avant que j'euſſe eu occaſion

de la connoître (c'eſt M. Deſmilleville qui
parle). Elle éprouva, au péril de ſa vie, les
triſtes effets d'un préjugé dangereux, pour
avoir ſuivi les conſeils aveugles de quelques
fauſſes amies, jalouſes peut-être de trouver
dans cette Dame le caraĉtere & le courage
d'une vraie mere : on parvint donc à la déterminer à ne pas nourrir. Quatre mois & plus
s'étoient paſſés depuis ſa couche, avant qu'on
ne crût avoir tari la ſource du lait ; mais l'on
y fut trompé. Rien ne le prouva mieux qu'une
fievre ardente qui ſurvint, & que les Médecins traiterent comme bilieuſe & putride. Cette
Dame fut durant quarante jours dans le plus
grand danger. Pendant ce temps le lait repa-
rut, & les Médecins ſurent profiter de cet
avantage ; mais la nature opprimée n'eut pas
la force de ſoutenir ſon ouvrage : le lait ſe
ſupprima de nouveau. La convaleſcence devint une autre maladie. La nature, quoiqu'é-
puiſée, continuoit ſes efforts : elle excita en
différens endroits des dépôts qui ne fournirent
jamais un pus louable & critique. La malade
fut tourmentée pendant plus de ſix mois d'une
fievre lente : à la fin la poitrine fut affeĉtée
d'une toux importune. Tout faiſoit craindre
pour les jours de cette Dame, nonobſtant
l'habilité du conſeil en qui elle avoit mis ſa
confiance. On lui fit prendre des bains qui eurent tout le ſuccès poſſible. Bientôt la peau ſe
couvrit d'une éruption critique : la poitrine
devint à l'aiſe ; la fievre ceſſa ; la malade reprit
des forces & même de l'embonpoint. La dé-

mangeaifon feule étoit reftée : elle l'incommo-
doit beaucoup en interrompant fon repos : elle
prit à la fin un caractere dartreux. On mit encore tout en ufage pour détruire cette humeur;
mais loin d'en venir à bout, elle fe porta à la
poitrine, au ventre & fur-tout aux parties naturelles : cette dartre devint humide & crou-
teufe. C'eft à cette époque que je fus confulté
fur la vertu des Eaux minérales de Saint-
Amand. Qoique Madame D * * * habitât
une province fort éloignée de la Flandre, elle
fe rendit à Saint-Amand. Il faut l'avouer, fon
état faifoit horreur. Ses fouffrances étoient
prefqu'infupportables, & le progrès du mal
étoit parvenu au point de faire craindre une
difpofition cancéreufe aux parties naturelles.
La malade fit ufage des eaux & des bains pendant quinze jours. Elle ufoit très-fréquemment
des lotions & d'injeÉtions d'Eau de la petite Fontaine d'Arras. Ces premiers moyens réuffirent
au mieux. Bientôt elle éprouva un foulagement
marqué : pendant ce traitement je reconnus
une affez grande liberté du ventre accompagnée d'une abondance d'urines, qui étoient fouvent troubles, moufleufes & très-fétides. L'appétit, les digeftions & le repos marquoient
d'ailleurs le mieux. où fe trouvoit la malade,
qui pour lors fe détermina avec beaucoup de
confiance à fe plonger dans les boues. Elles
firent tout l'effet defiré. Les parties affeÉtées
fe détergerent de façon, qu'après vingt-quatre
bains de boues, elle affura fa guérifon : elle
n'en prit en tout que trente, en continuant

durant ce temps l'ufage des eaux : enfin elle partit dans la plus grande fatisfaction : Rien n'égale la vivacité des fentimens de reconnoiffance qu'elle difoit avoir au Dieu des Eaux de Saint-Amand. Quinze mois après fon départ, je reçus de cette Dame une lettre au fujet de fa bonne fanté : elle m'annonçoit en même temps la nouvelle de fa groffeffe : elle ajoutoit qu'elle avoit cru pouvoir en toute fûreté fupprimer un cauterre que je lui avois confeillé de fe faire établir à fon arrivée chez elle ».

Tous les Praticiens dans l'art de guérir favent combien les dépôts éréfipellateux font difficiles à fe terminer heureufement ; je vais en citer un exemple rapporté par M. Defmilleville dans l'obfervation fuivante, qui prouvera en même temps l'efficacité des Eaux minérales de Saint-Amand , toutes les fois qu'il eft queftion de corriger l'acrimonie des humeurs.

« Le nommé R * * * fe traîna chez moi au printemps de l'année 1770 ; il venoit me confulter fur l'efpérance qu'on lui avoit donnée de fa guérifon , s'il pouvoit faire ufage des Eaux & Boues de Saint-Amand. Ce Sujet , âgé d'environ cinquante ans , étoit un corps cacochyme tout rongé par les douleurs que lui caufoit une jambe malade depuis fort long-temps : fes fouffrances paroiffoient le menacer d'une fin prochaine. La jambe étoit dure , tendue , d'une couleur rouge-brun , couverte d'ulceres & de flictaines. Il en fuintoit une matiere âcre, qui fillonnoit les endroits qu'elle parcouroit,

Le pied étoit gorgé, & plus gros au double
qu'il ne devoit l'être. Les douleurs aiguës que
le malade souffroit, étoient profondes, &, selon son expreſſion, elles lui rongeoient les os.
Depuis dix-huit mois, ou environ, il avoit été
attaqué d'un éréſipelle à la jambe avec fievre,
qui le réduiſit en l'état que je viens d'obſerver.
Il avoit tout tenté ſans ſuccès : il ne pouvoit
plus ſupporter ſur la jambe que de légeres fo-
mentations d'eau de Sureau & d'eau Végé-
to-minéral. Il ſe rendit à Saint-Amand dans
le mois de Juin 1770 : il y reſta au moins deux
mois. Il fit conſtamment uſage des Eaux &
ſur-tout des Boues, où il plongeoit ſa jambe
pluſieurs fois par jour durant des heures entie-
res. Les eaux le purgerent beaucoup ; elles le
délivrerent de la bouffiſſure & d'une eſpece de
jauniſſe dont il étoit affecté. Enfin la jambe ſe
dégorgea peu à peu : les mouvemens ſe rétablirent dans l'articulation du pied : les ulceres
ſe cicatriſerent d'eux-mêmes, & à la fin de la
ſaiſon des Eaux la jambe avoit repris ſa groſſeur & ſa couleur naturelle. Cet homme pa-
roiſſoit avoir abuſé de ſa ſanté de même que
de ſa fortune. Une ancienne gonorrhée étoit
reſtée mal guérie : elle recoula très-abondam-
ment pendant trois ſemaines de l'uſage qu'il
fit des Eaux ; & il en guérit auſſi radicalement
par ce ſeul moyen ».

Combien ne voit-on pas de paralytiques
traîner une vie miſérable, après avoir épuiſé
inutilement tous les ſecours de la Médecine !
mais lorſque dans ces ſortes de malades la tête

& les sens conservent leur intégrité, il est rare que les Eaux de Saint-Amand ne les guérisent radicalement, en observant les conditions prescrites & sur-tout la persévérance. Voici une observation rapportée par M. Desmilleville, dont le détail a été fait & donné par M. de Henne, docteur en Médecine de la Faculté de Montpellier.

« M.... négociant distingué de.... âgé de cinquante-neuf ans, naturellement gras, sujet aux érésipelles, fut attaqué sur la fin de Mai 1769, d'une apoplexie qui, sur le champ, paralysa le côté droit. Quelque violente que fut l'attaque, les secours prompts & multipliés qui furent administrés selon l'Art, conserverent à sa famille une tête si chere. On n'oublia rien pour faire reprendre aux parties paralysées le mouvement dont elles étoient privées : les nervins, les appéritifs, les sudorifiques, les bains d'eau de cire, l'esprit volatil de sel ammoniac, l'eau des Dominicains de Rouen, l'eau de Luce ; tout fut employé pour son rétablissement ».

« Le malade marchoit en traînant le pied ; il remuoit la main, mais il ne lui étoit pas possible de s'en servir pour aucun usage. Étant à portée des Eaux minérales de Saint-Amand, je lui conseillai d'en faire usage ».

« Il s'y transporta en Juillet, & y resta six semaines ; il y prit les Boues, les Bains & les Eaux, qui opérerent un bien si marqué, qu'il s'est trouvé en état de marcher seul, & d'écrire son nom. Ce succès si desiré lui fit espérer que retournant à Saint-Amand pendant la faison favorable, il répareroit parfaitement fa fanté; en conféquence, il retourna aux Boues, aux Bains & aux Eaux de Saint-Amand, en Juin & Juillet des années 1770 & 1771. Sa fanté eft devenue parfaite, puifque fes membres, ci-devant paralyfés, ne le font plus, & les accès d'éréfipelle ne paroiffent plus. C'eft un témoignage dû à la vérité: en foi de quoi, j'ai donné ce certificat. A Lille, ce 22 Mars 1772. *Signé* De Henne, médecin-docteur de la Faculté de Montpellier ».

C'eft bien à regret que j'abandonne les Journaux de M. Defmilleville; les cures furprenantes qu'il y rapporte, font fi intéreffantes, que j'ai été vingt fois tenté de n'en omettre aucune. Mais joint à ce qu'il y en a plufieurs dont le détail & les circonftances mériteroient d'être rapportés tout au long, je crois que le petit nombre que j'ai tiré de fon Ouvrage peut bien fuffire pour convaincre & défabufer tous ceux fur qui l'énoncé de l'article contre les Eaux minérales de Saint-Amand, auroit pu faire quelques impreffions défavantageufes & capables de diminuer leur confiance. Je vais préfentement rapporter quelques obfervations qui me font particulieres.

Le régiment de Vermandois, infanterie, étant en garnifon à Rocroy, on apporta deux Soldats à l'hôpital; c'étoit dans le mois de Novembre, & ces Soldats arrivoient de Plombieres, où l'on avoit encore la liberté de les envoyer. Ces deux Soldats, qui avoient été enlevés par l'effet d'une mine, étoient restés paralytiques de la ceinture en bas. Dans le compte qu'on avoit rendu de leur état au Ministre, on avoit vraisemblablement omis d'y faire mention des circonstances, & du sujet de leurs infirmités ; de sorte que le Régiment reçut ordre de les congédier. Ces pauvres malheureux étoient dignes de compassion ; aussi les Chefs du Corps en furent-ils émus. Je pris sur moi d'oser représenter au Ministre, dans le compte que j'étois obligé de rendre tous les mois, l'espérance que j'avois de l'usage des Eaux minérales de Saint-Amand : mes représentations furent cause qu'il y eut ordre au Régiment de garder ces Soldats à l'hôpital jusqu'à la saison favorable des Eaux, & de les comprendre dans le nombre de ceux qui seroient dans le cas d'y être envoyés. Ils partirent les premiers jours de Mai pour se rendre à Saint-Amand, d'où ils ne revinrent que dans le courant du mois d'Octobre suivant : ils marchoient à la vérité avec peine ; mais dans le courant des mois de Novembre & Décembre, leur guérison se perfectionna au point qu'ils furent en état de reprendre leurs services. J'aurois été d'avis, malgré cela, de les renvoyer aux mêmes Sources le printemps suivant ; mais on ne le jugea pas à propos, tant par la crainte que le Régiment ne changeât de garnison, que parce que ces Soldats ne paroissoient plus en avoir un besoin bien pressant.

J'ai envoyé aux Eaux de Saint-Amand plusieurs Soldats du régiment de Diesbac, les uns

pour des rhumatifmes, d'autres pour des dou‑
leurs arthritiques, ou pour d'anciennes bleſſures;
tous ſont revenus, après une premiere ſaiſon,
bien guéris de leurs infirmités : mais entr'autres
un Sergent qui fut attaqué de douleurs de poi‑
trine, dont les accès étoient ſi violens, qu'il
étoit ſouvent en danger de ſuffoquer. A ſon
retour, il vint me faire part de ſa ſituation, &
me fit l'hiſtoire de ſa guériſon. Cet homme
avoit eu anciennement une gonorrhée qu'il
croyoit ſi bien guérie, qu'il ne m'en avoit
point fait l'aveu lorſqu'il me conſulta. Au bout
de huit jours de l'uſage des Eaux minérales de
Saint-Amand, l'écoulement recommença au
point d'alarmer le malade, quoiqu'il fût cer‑
tain de ne s'être point expoſé à gagner cette
maladie depuis qu'il croyoit en être guéri : mais
quinze jours après, cet écoulement s'arrêta de
lui-même, ſans avoir pris d'autres remedes que
les Eaux ; ainſi qu'une certaine difficulté d'uri‑
ner qu'il avoit toujours eue depuis la prétendue
guériſon de ſa gonorrhée : de ſorte qu'il fit,
comme on dit, d'une pierre deux coups ; il
guérit d'une maladie très-ſérieuſe, & en même
temps d'une autre qui l'étoit d'autant plus, que
la ſécurité où il étoit à ce ſujet, la rendoit plus
redoutable.

J'y ai encore envoyé, en différens temps,
pluſieurs Soldats de différens régimens, dont
les uns étoient attaqués d'obſtructions aux viſ‑
ceres du bas-ventre, à la ſuite de fiévres quartes.
D'autres portoient depuis long-temps des an‑
kyloſes, rétractions des tendons des pieds ou
des

des mains ; des cicatrices dures & douloureuses
à la fuite de coups de feu , &c. des engorgemens de la jambe & du genou : j'ai toujours eu
la fatisfaction de les voir revenir bien guéris ,
& tous fe louoient infiniment des foins & des
attentions qu'ils avoient reçus & éprouvés de la
part de ceux qui font prépofés pour la conduite
& l'adminiftration de ces Eaux.

Suivant l'extrait des Journaux rapportés par,
M. Defmilleville , il fe trouve que depuis 1767
jufqu'en 1771 , il y a eu plus de deux cens cinquante Soldats guéris à l'Hôpital militaire de
Saint-Amand , par le moyen des Eaux, fans
compter ceux qui n'avoient que quelques in-
commodités ordinaires , telles que des douleurs
rhumatifmales, &c. car il ne rapporte abfolument que les cures les plus frappantes & les
plus extraordinaires ; telles font les guérifons
des rhumatifmes goutteux & univerfels , des
fciatiques invétérées , des véroles,confirmées ,
des dartres , des obftructions à la fuite des
fiévres quartes , à quoi font expofés les Soldats
& les gens de la campagne ; des fpafmes , des
furdités , des galles répercutées & régénérées ;
des paralyfies , des débilités de membres , des
engorgemens des jambes , des œdêmes , des
ankylofes formées & non formées ; des leuco-
plegmaties , fuites de fiévres quartes ; des hydropifies , des attrophies , des dyfuries avec
glaires & graviers ; des conftipations extraordinaires , des douleurs de reins , des rétractions
des nerfs & tendons ; des dépôts éréfipellateux,
des antrax & furongles par appauvriffement

des fluides ; des ulceres , des restes de fractures
& de luxations ; des douleurs arthritiques , des
suites de luxations des vertebres des lombes ;
des suites de coups de feu , de sabre , de bayon-
nette , *&c.* suites de chûtes , suites de saignées
mal-faites ; engorgement sinoviale au genou ,
un éléphantiasie de naissance , *&c. &c.*

M. Sénéchal, médecin actuel de l'Hôpital
militaire de Saint-Amand , m'écrit que dans la
saison de 1774, il a eu la satisfaction de voir
guérir sous ses yeux plusieurs Soldats attaqués
de rhumatismes & de sciatiques , d'ophtalmies,
& même de gonorrhées virulentes. Il me mande
en même temps , que M. de Renaucourt , chevalier de Saint-Louis , étoit attaqué depuis
dix-huit mois d'une dartre universelle, suppu-
rante & hydeuse à faire frémir , dont aucun
remede n'avoit pu adoucir la férocité : dans la
seule campagne de 1774 , il en a été guéri
radicalement par les Eaux & Bains de Saint-
Amand.

Si je voulois rapporter toutes les cures mer-
veilleuses qui se font opérées par la vertu efficace des Eaux de Saint-Amand , je le répéte
je ne finirois point, & le plus gros volume ne
les contiendroit pas. Mais je crois en avoir
assez dit, pour prouver que ces Eaux n'auroient pas dû avoir besoin d'apologiste. Leur
efficacité ne s'est jamais démentie , même avant
la perfection des Fontaines , des Bains & des
Boues ; perfection qui doit augmenter leur
vertu, en même temps qu'elle procure l'aisance
& l'agrément. C'est à M. de Taboureau , In-

tendant de la province du Hainaut, à qui le Public eſt redevable de cette perfection, ainſi qu'à Mʳˢ de Saint-Amand, qui n'ont rien épargné pour les rendre les plus commodes & les plus ſalubres qu'il a été poſſible ; & l'on peut dire, ſans crainte d'être déſavoué, qu'il y en a peu dans le Royaume qui jouiſſent de pareils avantages. C'eſt la juſtice que leur rendent tous ceux qui ont été dans le cas d'en faire uſage, ainſi que les Médecins, tant de la capitale que des provinces, qui les ont preſcrit à leurs malades.

Voilà à peu près ce que j'avois à dire pour la juſtification des Eaux minérales de Saint-Amand. Je pourrois ajouter, pour l'intérêt particulier de ceux que la néceſſité oblige d'y avoir recours, qu'en obſervant les conditions requiſes dans l'uſage de ces Eaux, non-ſeulement ils en recevront tous les ſecours qu'ils ont lieu d'en attendre, mais ils pourront encore juger par eux-mêmes combien leurs vertus méritent d'être exaltées. Je ne demande point d'en être cru ſur ma parole ; les faits ont parlé, & ils parleront plus efficacement que les diſcours les plus éloquens : j'eſpére qu'en faveur de mon zele pour le bien de l'humanité, l'on voudra bien paſſer légerement ſur la ſimplicité du ſtyle : la vérité n'a pas toujours beſoin d'être parée des fleurs de Rhétorique : c'eſt ici le cas de dire avec Sénec : *Non quærit æger Medicum eloquentem, ſed ſanantem.* Senecæ Epiſtolâ 76.

F I N.

E R R A T A.

Page 3, ligne 25, *ôtez* &c.
Page 5, ligne 2, *lisez* les Bains & les Boues.
Page 7, ligne 20, *ôtez* &c.
Page 12, ligne 1, les agrémens, *lisez* les avantages.
Page 42, ligne 20, ce Journal, *lisez* le Journal.
Page 44, ligne 33, confirment les observations,
    lisez confirment, par des faits, les obser-
    vations.
Page 54, ligne 17, salutaires, *lisez* salubres.
Page 59, ligne 16, *ôtez* &c.
Page 63, ligne 9, *après le mot* Reine, *placez la*
    parenthese (cette observation).